MW00851597

GRAY'S
ANATOMY
Word Search Puzzles

Publications International, Ltd.

Let's get social!

 @Publications_International

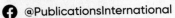 @PublicationsInternational

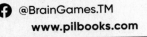 @BrainGames.TM

www.pilbooks.com

AWESOME ANATOMY

For decades, *Gray's Anatomy* was the indispensable textbook for medical students. First published in 1858, it quickly became a classic. Updated versions are still available and widely used today.

The writer, Henry Gray, published the book only a few years before his untimely death at the age of 34; a year before he died, he revised the book and put out its second edition, which is the one referenced in this book. His writing, paired with Henry Vandyke Carter's illustrations, is a must-read for students of anatomy. With *Brain Games® Gray's Anatomy Word Search Puzzles*, you can join in on the fun and challenge yourself!

We've created 84 word search puzzles directly based off the classic second edition—complete with British spellings. You'll search for names of bones, muscles, and ligaments in these word search puzzles. In some cases, you'll have to use your medical knowledge to unscramble words or fill in the blanks in a passage from *Gray's Anatomy* before you can solve the puzzle. Other puzzles contain hidden quotes from *Gray's Anatomy* that you will have to solve the puzzle to reveal.

With *Brain Games® Gray's Anatomy Word Search Puzzles*, you can have fun while you flex your mental muscles and study up on anatomy!

HENRY GRAY (WRITER)

Every word listed is contained within the group of letters. Words can be found in a straight line horizontally, vertically, or diagonally. They may be read either forward or backward.

ANATOMIST

BELGRAVIA (London district, birthplace)

BENJAMIN COLLINS BRODIE (first edition was dedicated to this surgeon, a baronet)

CURATOR (at museum of St. George's Hospital)

DEMONSTRATOR (post held at St. George's Hospital)

DISSECTIONS

GRAY

HENRY

LECTURER (post held at St. George's Hospital)

ROYAL SOCIETY

SMALLPOX (cause of death at age 34)

SPLEEN (subject of dissertation)

ST. GEORGE'S HOSPITAL

SURGEON

```
U Z U Q J O I B F F V V S M J A
Z A E L D L E E B X B E M Z R T
J E X V I A K N P H K S A Y C A
O B A Q S T V J A T J Q L T S E
Z H O R S I E A V H T T L E A U
B J A L E P O M P T X B P I Z I
A X U G C S T I I F J C O C M U
D P S I T O B N M S R E X O K W
E U U Y I H C C M P E O J S X X
M X V L O S S O W C R A Z L C A
O Y F R N E U L E R U E O A G X
N Z J X S G R L S O T X S Y F T
S B L Q S R G I G T C K Z O E S
T B C G P O E N N A E X F R Y I
R O R Z L E O S A R L V L L R M
A X A F E G N B B U X Z S E N O
T H Y A E T M R E C T P L W E T
O O I A N S B O T Y E V M B H A
R G G P R C Q D S Q F W Y P Q N
R A K X R G A I V A R G L E B A
Z W E F Q B E E B F H N R S G V
```

HENRY VANDYKE CARTER (ILLUSTRATOR)

Every word listed is contained within the group of letters. Words can be found in a straight line horizontally, vertically, or diagonally. They may be read either forward or backward.

AMELIA (legal name of first wife; Carter discovered after marriage that she had been married before and was using an alias)

ANATOMIST

ARTIST

BOMBAY (Carter moved to Bombay, India, now Mumbai, in 1858.)

DIARIST

ELIZA (mother)

ELLEN (Robinson, second wife)

GRANT MEDICAL COLLEGE (Carter was a Professor of Anatomy here)

HARRIET (alias of Amelia Adams at the time that Carter married her)

HULL (city of birth)

JOHN QUECKETT (Carter did illustrations for this expert of microscopy)

JOHN SAWYER (surgeon and mentor)

(The) LANCET (medical journal in which Carter placed an insert to advertise his illustrating services)

LEPROSY (subject of report he wrote)

RICHARD OWEN (Carter did illustrators for this anatomist)

ROYAL COLLEGE (of Surgeons, where Carter studied medicine)

SCARBOROUGH (town where he lived)

SNOB (Early in their acquaintance, Carter described Henry Gray as a snob in his diary!)

SPIRILLUM (also known as relapsing fever; Carter studied and wrote about it)

SURGEON

TUBERCULOSIS (cause of death at the age of 65)

YORKSHIRE (county of birth)

```
A W P Z G U U K E L O F D D N N
S T F U R W M S P I R I L L U M
U T Y E A N E W O D R A H C I R
R E S L N R E Y W A S N H O J G
G K O L T K R H T L X G T E X J
E C R E M R N V E Y O Q S R H R
O E P N E O E L I Z A S I I L O
N U E R D H Y L V E C K M H B Y
A Q L G I R A D G A H T O S P A
T N Y C C B N R R Q U I T K H L
P H F E A Q U B R B G I A R Z C
F O E T L L O I E I A N N O K O
I J G M C R B R H I E I A Y Y L
Y A B M O B C P L W T T D F C L
M J Q U L U A E F J B S S S D E
E E G J L L M Z M B B M I I H G
Q H V O E A H G P K P G A T B E
O Y S W G N Y A I L M R H U R F
W I Q C E C H G L G I G E G O A
S J B Q R E J U G S R T L V F J
W W Q M L T H M T M I S N O B M
```

OSTEOLOGY

Every word in all capitals in the passage from "Gray's Anatomy" is contained within the group of letters. Words can be found in a straight line horizontally, vertically, or diagonally. They may read either forward or backward.

In the CONSTRUCTION of the HUMAN BODY, it would appear ESSENTIAL, in the FIRST PLACE, to PROVIDE some DENSE and SOLID TEXTURE capable of forming a FRAMEWORK for the SUPPORT and ATTACHMENT of the SOFTER parts of the frame, and of forming CAVITIES for the PROTECTION of the more IMPORTANT VITAL organs; and such a structure we find PROVIDED in the VARIOUS BONES, which form what is called the SKELETON.

```
A R G D K R O W E M A R F M
X E E D E S K E L E T O N W
T T C T E N I O C Y S L O C
N E N O F D S H D D E A I A
E Y R A N O I E I O N T T V
M L V U T S S V L B O I C I
H P A B T R T L O U B V E T
C V R I L X O R S R N P T I
A A I P T F E P U A P R O E
T B O C I N V T M C B O R S
T H U R F Z E U B I T V P B
A Z S J Y Z H S X G L I Y H
J T P L A C E N S S R D O C
M S U P P O R T H E Q E X N
```

QUICK QUIZ ON BONES

Answer each question, then find the answers listed within the group of letters. Words can be found in a straight line horizontally, vertically, or diagonally. They may be read either forward or backward.

1. *"Gray's Anatomy" divides bones into these four classes.*

_____   _____   _____

_____

2. *According to "Gray's Anatomy," bones are composed of these two types of tissue.*

_____ *(starts with C, 7 letters, found on the outside of the bone)*

_____ *(starts with C, 11 letters, internal)*

3. *This disease of the bones (usually caused by Vitamin D deficiency) causes bones to become bent*

_____ *(starts with R, 7 letters)*

4. *These apertures inside the bones are named after their discoverer, Clopton Havers.*

_____ _____ *(2 words)*

5. *The membrane that covers bones is called this:*

_____ *(starts with P, 10 letters)*

6. This substance found inside the cavities of bones can be either red or yellow.

_____ (starts with M, 6 letters)

```
            D P
          T E E D
        R Y T R A Q
      O S W A I M N P
    H U T S L O R A A I
  S V L E L L S A I U R W
T E C F K A E T L S B M T X
P C X C C N C E U R T A L F
  M A J I A N U G E X O H
    A P R C A M E V J W
      R M X C L R A I
        R O J O R H
          O C N I
            W G
```

THE SPINE

Every word listed is contained within the group of letters. Words can be found in a straight line horizontally, vertically, or diagonally. They may be read either forward or backward. Leftover letters at the beginning of the puzzle spell out a passage from "Gray's Anatomy."

ATLAS

AXIS

CERVICAL

COCCYGEAL

COCCYX

DORSAL

FLEXUOUS COLUMN

LUMBAR

OSSIFICATION

SACRAL

SACRUM

VERTEBRA PROMINENS

VERTEBRAE

VERTEBRAL CANAL

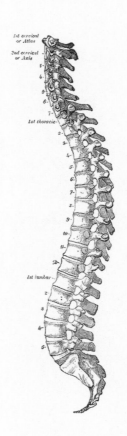

Leftover letters: _____

```
T H E V E R T E B R D A E A R E T
H F I R T Y T H E R O E L E I N N
U M L B E R E A X C R L A U S I V
E O F E A T R H O S S E E W H X I
C H F T X B O M R M A T G H E Y S
K U L L E U U L F F L E Y B K C A
Z A I T S R O T I Y A P C I B C K
S N R W C P F U Q D M A C R C O W
K E T A Y K V S S K Q I O U H C U
V N S K Q S S V F C Q P C J Q Z E
V E R T E B R A P R O M I N E N S
Y M D U G K L S Q R J L U P O X P
C P B S I V P D W Z O C U V Y J D
Y X L I A V H E Y M M R S M G O E
K B U S V C G L V W H X Q N N Y W
O T G R T Z R N I D T N X V G M Y
S L A N A C L A R B E T R E V X N
I D L U M B A R L S L F U N F O Y
L V X D Y W U A A X I S Y O X O A
O S S I F I C A T I O N W O W R Z
K H B T L A C I V R E C J J U Q Z
```

GENERAL CHARACTERISTICS OF A VERTEBRA

Every word in all capitals in the passage from "Gray's Anatomy" is contained within the group of letters. Words can be found in a straight line horizontally, vertically, or diagonally. They may read either forward or backward.

Each VERTEBRA consists of two ESSENTIAL parts, an ANTERIOR solid SEGMENT or body, and a POSTERIOR segment, the ARCH. The arch is FORMED of two PEDICLES and two LAMINAE, supporting seven PROCESSES; viz, four ARTICULAR, two TRANSVERSE, and one SPINOUS process.

```
T H A S E G M E N T E V E
P S R E R T E B R A E A S
O E B R L E T H I R T Y R
S L E A T A H R E E I N E
T C T N R O I R E T N A V
E I R U M T S T B E R E S
R D E X C U I L N D L U N
I E V S O A A C E E I V A
O P E N O M R M U F S T R
R H I O I S R C E L W S T
H P I N C O H F H O A R E
S M A T F H E S K U L R L
S E S S E C O R P A Y L W
```

THE SKULL

Every word in all capitals in the passage from "Gray's Anatomy" is contained within the group of letters. Words can be found in a straight line horizontally, vertically, or diagonally. They may read either forward or backward.

The SKULL, or SUPERIOR EXPANSION of the vertebral COLUMN, is COMPOSED of FOUR vertebrae, the ELEMENTARY parts of which are SPECIALLY MODIFIED in FORM and SIZE, and almost IMMOVEABLY connected, for the RECEPTION of the BRAIN, and SPECIAL ORGANS of the SENSES. These vertebrae are the OCCIPITAL, PARIETAL, FRONTAL, and NASAL.

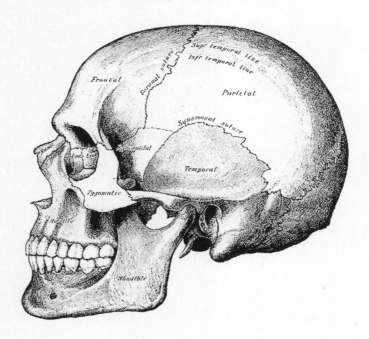

```
E  L  L  U  K  S  K  S  I  Z  E  B  S  Y
L  A  T  N  O  R  F  F  O  R  M  V  L  N
U  E  L  L  B  Y  B  R  A  I  N  B  E  K
O  V  P  A  G  R  A  N  J  J  A  Y  O  Y
N  O  I  S  N  A  P  X  E  E  L  O  M  M
R  L  L  A  A  T  M  Q  V  L  R  S  L  O
O  A  A  N  O  N  M  O  A  G  E  M  S  D
I  T  T  R  A  E  M  I  A  S  C  Z  T  I
R  I  E  U  P  M  C  N  N  O  E  P  N  F
E  P  I  O  I  E  S  E  Z  Z  P  M  M  I
P  I  R  F  P  L  S  K  Y  I  T  F  U  E
U  C  A  S  N  E  I  T  O  S  I  G  L  D
S  C  P  O  D  E  S  O  P  M  O  C  O  S
L  O  N  S  P  E  C  I  A  L  N  Z  C  J
```

LET'S FACE IT

Every word listed is contained within the group of letters. Words can be found in a straight line horizontally, vertically, or diagonally. They may be read either forward or backward.

ALVEOLAR PROCESS

ANTRUM OF HIGHMORE

BASILAR STRUCTURE

CORONAL SUTURE

CORONOID PROCESS

INFERIOR MAXILLARY

INFERIOR TURBINATED

LACHRYMAL

LAMBDOID SUTURE

MALAR

NASAL

PALATE

SAGITTAL SUTURE

SUPERIOR MAXILLARY

VOMER

ZYGOMATIC FOSSA

```
Y S Q P S U O I R M Q I S F D A A A
R B U R P L Q N E Z K T H X I S L N
A H A P Z A W F M S A F M C I S V T
L W E S E B X E O X Y Z F R I O E R
L S R S I R Z R V J L V T K P F O U
I T U E A L I I E P L A S A N C L M
X L T R R G A O W R S K H G X I A O
A A U Z Y U I R R Z T U D H D T R F
M C S U R D T T S M H J C P R A P H
R H D P N T R U T T A U Y R U M R I
O R I E T E S R S A R X E R G O O G
I Y O T I I K B M L L U I W T G C H
R M D A B J Q I P J A S C L N Y E M
E A B L H B A N K T K N U T L Z S O
F L M A M A L A R Q H J O T U A S R
N A A P G A D T E Z L F E R U R R E
I L L J T M E E J H D M W S O R E Y
S S E C O R P D I O N O R O C C E R
```

OS HYOIDES

Every word in all capitals in the passage from "Gray's Anatomy" is contained within the group of letters. Words can be found in a straight line horizontally, vertically, or diagonally. They may read either forward or backward.

The HYOID bone is NAMED from its RESEMBLANCE to the GREEK UPSILON; it is also CALLED the LINGUAL bone, from SUPPORTING the TONGUE, and giving ATTACHMENT to its numerous MUSCLES. It is a BONY ARCH, shaped like a HORSE-SHOE, and CONSISTING of five SEGMENTS, a central portion or body, two greater CORNUA, and two LESSER cornua.

```
N  Z  N  U  C  A  W  M  Q  X  T  W  A  C  R
R  V  J  L  S  A  T  Q  H  Y  O  I  D  K  F
S  G  S  T  I  B  L  T  A  L  T  R  Z  V  Z
E  N  D  U  R  N  A  L  A  E  U  G  N  O  T
L  I  T  S  R  E  G  A  E  C  I  O  X  S  G
C  T  C  E  E  G  S  U  R  D  H  K  B  N  R
S  R  O  G  S  E  P  S  A  C  I  M  I  D  P
U  O  R  M  E  U  O  K  E  L  H  T  E  N  L
M  P  N  E  M  Q  G  H  H  L  S  L  O  N  R
K  P  U  N  B  C  P  I  S  I  T  L  C  K  T
Z  U  A  T  L  T  E  N  S  E  I  K  E  M  N
Q  S  B  S  A  Y  J  N  K  S  S  E  X  F  M
C  X  Y  I  N  P  O  B  P  O  R  R  P  H  I
A  S  E  O  C  C  S  U  V  G  X  E  O  A  V
S  Q  B  L  E  H  D  E  M  A  N  X  N  H  S
```

THE THORAX

Every word in all capitals in the passage from "Gray's Anatomy" is contained within the group of letters. Words can be found in a straight line horizontally, vertically, or diagonally. They may read either forward or backward.

The THORAX, or CHEST, is an OSSEO-CARTILAGINOUS CAGE, intended to CONTAIN and PROTECT the PRINCIPAL organs of RESPIRATION and CIRCULATION. It is the LARGEST of the three CAVITIES connected with the SPINE, and is FORMED by the STERNUM and COSTAL cartilages in front, the twelve RIBS on each SIDE, and the BODIES of the DORSAL vertebrae behind.

```
G D O M I S G C Z F L A R G E S T O
C I R C U L A T I O N Q E S K I S W
N I N V W E C K T L A X L N I S T T
M X S P I N E T A C N T L E E D A D
A D K S R T S E H C E A L O Z B E E
C Y N E I J I I G E P T C A G V J M
K K I I B G X E B I W A O C S E A R
R G A T S F O V C W R R C R H R V O
Z S T I B U X N W T V E O Y P S O F
U P N V A F I Z I Y H S S U V Q T D
T W O A A R K L E A Z P T N U P A P
A H C C P U A M V S B I A A F Q I Y
Q H P O G G U G E F V R L L E D T V
W H U A I N D I N E T A X O R E E J
S W U N R O D L G I M T K J N A K V
O U O E T O F A P C T I N A G E A J
D U T E B G C O V N C O B P W Y U E
S S M R L T H O R A X N V W W R M W
```

A SWORD IN YOUR CHEST

Every word in all capitals in the passage from "Gray's Anatomy" is contained within the group of letters. Words can be found in a straight line horizontally, vertically, or diagonally. They may read either forward or backward.

The STERNUM is a flat NARROW bone, SITUATED in the MEDIAN line of the FRONT of the CHEST, and CONSISTING, in the ADULT, of three PORTIONS. Its FORM resembles an ANCIENT SWORD: the UPPER piece, representing the HANDLE, is termed the MANUBRIUM; the MIDDLE and largest PIECE, which represents the CHIEF part of the BLADE, is termed the GLADIOLUS; and the INFERIOR piece, like the POINT of the sword, is TERMED the ENSIFORM or XIPHOID APPENDIX.

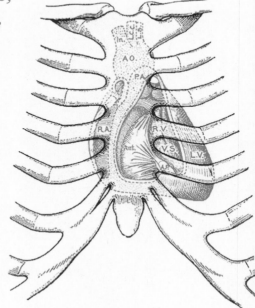

```
E  N  S  I  F  O  R  M  X  W  A  H  T  T  M  Z
G  I  E  M  R  C  T  N  O  R  F  B  G  N  S  K
U  I  D  R  O  C  H  C  H  E  S  T  Y  E  G  B
R  S  A  E  I  E  P  I  E  C  E  Z  P  I  V  V
L  H  L  P  R  C  L  Z  E  V  M  D  P  C  Y  N
J  A  B  P  E  S  O  D  M  F  I  E  O  N  K  A
K  E  Q  U  F  R  T  U  D  O  C  Z  R  A  C  I
N  G  V  X  N  A  I  E  H  I  H  W  T  N  O  D
T  F  L  D  I  R  D  P  R  A  M  S  I  A  N  E
J  E  C  A  B  D  I  U  N  N  I  C  O  R  S  M
I  J  R  U  D  X  N  D  L  T  U  F  N  R  I  P
N  J  N  M  Z  I  L  E  U  T  T  M  S  O  S  O
A  A  L  M  E  E  O  A  P  M  Q  F  E  W  T  I
M  L  T  T  D  D  T  L  G  P  V  O  H  J  I  N
S  W  O  R  D  E  F  U  U  E  A  R  S  V  N  T
T  S  F  Y  D  N  P  J  C  S  T  M  S  C  G  L
```

RIBS

Every word listed is contained within the group of letters. Words can be found in a straight line horizontally, vertically, or diagonally. They may be read either forward or backward.

ARCHES

ELASTIC

FALSE

FLOATING

INTERCOSTAL

PECULIAR

SPINE

STERNUM

THORACIC

TRUE

TUBEROSITY

TWELVE

```
E L A T S O C R E T N I
F T W E L V E X S G T Z
L Y E Z M O D O Z U T Y
O G U V Y U C P B D L A
A J R T P I N E N P R R
T M T F T E R R E V P C
I N E S A O C N E H V H
N T A K S L I U D T O E
G L P I G P S U L H S S
E T T V S R L E P I U R
O Y P V L M F Y U T A J
T H O R A C I C T R T R
```

BONES OF THE UPPER EXTREMITIES

Every word listed is contained within the group of letters. Words can be found in a straight line horizontally, vertically, or diagonally. They may be read either forward or backward. Leftover letters spell out a hidden message from "Gray's Anatomy."

CARPUS

CLAVICLE

CUNEIFORM

HUMERUS

METACARPUS

OS MAGNUM

PHALANGES

PISIFORM

RADIUS

SCAPULA

SCAPHOID

SEMI-LUNAR

TRAPEZIUM

TRAPEZOID

ULNA

UNCIFORM

Leftover letters: _____

```
T R A P E Z O I D T C H E S U P P
S M E R E X T R E L M I U T Y C O
E N E D I O H P A C S I S I S T S
M O F T S T H V E A D R M T H E F
I O R E A E I A R A M A N D T H M
L E H A A C G N R D I T U S C U O
U N T I L P A N N U I T L Y N W I
N T H E U T I R A H E T N G T R U
A N K I P S E S P L S T A A R B L
R I S H A E D B I U A M Y M A U E
A N S O C F T H H F S H E S P N H
O U L D S E R W U O O H P I E C C
C U N E I F O R M H I R S H Z I O
M O L O G O U S E W I T M H I F T
H E I N N O M I R N A T E O U O R
H A U N C H B S U P R A C O M R N
E I N T H E L O S W E R L I M M B
```

OF THE EXTREMITIES

Every word in all capitals in the passage from "Gray's Anatomy" is contained within the group of letters. Words can be found in a straight line horizontally, vertically, or diagonally. They may read either forward or backward.

The EXTREMITIES, or LIMBS, are those LONG-JOINTED APPENDAGES of the body, which are connected to the TRUNK by one end, being FREE in the rest of their EXTENT. They are FOUR in number: an UPPER or THORACIC pair, connected with the THORAX through the INTERVENTION of the SHOULDER, and SUBSERVIENT mainly to TACT and PREHENSION; and a LOWER pair, connected with the PELVIS, intended for SUPPORT and LOCOMOTION. Both PAIRS of limbs are CONSTRUCTED after one COMMON type, so that they PRESENT numerous ANALOGIES; while at the SAME time, certain DIFFERENCES are observed in EACH, dependent on the PECULIAR OFFICES they SEVERALLY perform.

```
S  R  I  A  P  I  R  R  T  B  T  N  E  T  X  E  R
L  O  W  E  R  S  E  I  G  O  L  A  N  A  S  E  J
L  P  R  E  H  E  N  S  I  O  N  L  X  E  P  S  E
O  V  S  O  H  G  C  B  Q  U  T  D  I  P  U  A  B
S  H  I  S  X  C  C  M  O  Y  F  T  U  B  D  P  O
E  S  V  E  L  F  A  I  L  E  I  O  S  U  E  D  H
C  U  L  G  D  B  N  E  C  M  C  E  U  C  M  R  H
N  P  E  A  I  E  L  L  E  A  R  O  U  R  A  S  T
E  P  P  D  G  N  T  R  O  V  R  L  M  R  S  S  H
R  O  D  N  X  L  T  N  I  C  I  O  L  M  X  Z  O
E  R  Q  E  Y  X  Y  E  I  A  O  D  H  I  O  U  R
F  T  I  P  E  G  N  L  R  O  P  M  H  T  M  N  A
F  E  Q  P  T  T  Y  G  L  V  J  R  O  C  D  B  X
I  N  E  A  M  L  Z  R  O  A  E  G  E  T  K  I  S
D  D  C  S  H  O  U  L  D  E  R  N  N  S  I  A  P
C  T  O  F  F  I  C  E  S  Q  V  E  T  O  E  O  H
D  E  T  C  U  R  T  S  N  O  C  S  V  I  L  N  N
P  K  N  U  R  T  D  D  Q  N  G  Z  J  E  O  Y  T
Y  F  R  E  E  J  Y  K  B  F  K  M  X  I  S  N  Z
```

THE NAMELESS BONE

Every word in all capitals in the passage from "Gray's Anatomy" is contained within the group of letters. Words can be found in a straight line horizontally, vertically, or diagonally. They may read either forward or backward.

The OS INNOMINATUM or NAMELESS bone, so called from BEARING no resemblance to any KNOWN object, is an IRREGULAR-shaped bone, which, with its FELLOW on the OPPOSITE side, forms the SIDES and ANTERIOR wall of the PELVIC CAVITY.

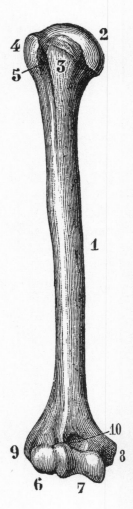

```
D F V X B M E B D O R B V N
O M J I R R E G U L A R D A
E G U O E K M A D S J M E M
A H N T Y G R S J V B H T E
C N P I A S Z I R Q N I I L
A Z T E R N I N Y M N F S E
V S J E Z A I D W X Z O O S
I C N D R A E M E O O N P S
T P E L V I C B O S N T P U
Y O Z A J D O I J N I K O Z
E Q C V H L I R J K N D D W
C Z W O L L E F N L S I K S
V K N M Y M X C F Y P F S A
L B C R K K G C I B N Q E O
```

BONES OF THE LOWER EXTREMITIES

Every word listed is contained within the group of letters. Words can be found in a straight line horizontally, vertically, or diagonally. They may be read either forward or backward.

ASTRAGALUS

CALCANEUM

CUBOID

CUNEIFORM

FEMUR

FIBULA

ILIUM

ISCHIUM

METATARSUS

OS INNOMINATUM

PATELLA

PELVIS

PHALANGES

PUBES

SCAPHOID

TARSUS

TIBIA

```
L S S B O D R P B S M R F E A P
V G U E G D H F H E W O X N F C
D P H S J C Y E T A R F B T Z B
I V A L R G K A C U L M O P L P
O P Y T Z A T T U S H A U W G U
B H U U E A T I N X Z Z N I C H
U Q B B R L M B E W N R W G L W
C C J S E U L I I A S U K W E I
G M U E I S K A F A S M F B X S
J S A H N B P Z O Y O E I J E F
A X C Y Z B O P R G W F B E B M
U S S I V L E P M K T A U J W S
I B X I G A S T R A G A L U S B
X E V M U E N A C L A C A J E W
M U T A N I M O N N I S O I B A
X O R L S C A P H O I D D F N X
```

FEMORAL FIND

Answer the questions about the femur below. Then find the word femur once, and only once, in the puzzle.

1. It is the longest bone in the human body.

_____ *True*

_____ *False*

2. It is named for its resemblance to a pipe or flute.

_____ *True*

_____ *False*

3. It is the largest bone in the human body.

_____ *True*

_____ *False*

4. It is named after its resemblance to the spoke of a wheel.

_____ *True*

_____ *False*

5. It is the strongest bone in the human body.

_____ **True**

_____ **False**

```
U  E  E  R  M  U  M  U  R  U  U  E  R  R  M
U  R  E  U  R  F  F  U  M  R  E  U  R  U  U
R  E  R  M  M  R  F  F  E  R  F  E  F  U  E
R  E  E  F  F  U  R  E  R  F  U  E  F  U  E
R  U  M  M  U  F  M  F  F  U  U  R  M  F  F
M  U  M  U  M  F  E  R  U  R  E  U  M  M  M
E  F  U  U  U  F  M  U  M  F  M  F  U  E
E  U  R  E  F  R  M  F  R  F  U  R  M  E  F
F  F  U  E  M  E  E  F  R  U  R  U  U  R  M
E  M  F  M  M  M  U  R  E  F  M  E  R  E  E
F  U  E  F  U  R  F  R  R  M  U  U  R  E  E
F  M  R  R  U  F  E  E  U  E  F  U  F  M  M
E  R  M  U  F  M  M  R  F  U  U  F  E  R  M
M  E  E  M  F  M  U  F  E  R  E  R  F  U  F
U  U  R  F  E  E  E  R  F  U  R  E  E  E  R
```

ARTICULATIONS

Every word listed is contained within the group of letters. Words can be found in a straight line horizontally, vertically, or diagonally. They may be read either forward or backward.

AMPHIARTHROSIS

ARTHRODIA

ARTICULAR LAMELLA

BURSA

CARTILAGE

COSTAL

DIARTHROSIS

ENARTHROSIS

FIBRO-CARTILAGE

GINGLYMUS

GOMPHOSIS

IMMOVEABLE

JOINTS

LIGAMENT

MEMBRANE

MOVEABLE

PERMANENT

RETICULAR

SCHINDYLESIS

SUTURAL

SYNARTHROSIS

SYNOVIAL

TEMPORARY

```
E E V L M S U M Y L G N I G W I
T E N A R T H R O S I S G Y G Z
D Q S I S E L Y D N I H C S E R
S R L E Y R A R O P M E T U F A
T U O A Z R O S G L W X G E L Q
B R T Z T S D O R S R N Y L C O
B W U U T S M V Y U N R E S S B
E Q Y N R P O N K R B M Y D I Y
I G I X H A O C A R A N X I S G
L O A O X V L L U L A U M A O E
J Z S L I Y U S R R E L O R R T
Y I Z A I C F A T L E I V T H N
S W L Q I T L H B K G G E H T E
M G F T H U R A C V A A A R R N
E Q E G C O E A O D L M B O A A
M R E I S V P N C Q I E L S I M
B L T I O H K N S O T N E I H R
R R S M P G O P J W R T T S P E
A S M U A L M H G Q A B P F M P
N I C T D F T U Y U C O I I A O
E K A R T H R O D I A G X F X Z
```

MOVEMENT IN JOINTS

"Gray's Anatomy" lists four kinds of movement in joints. Complete the words below, then find them in the grid. Words can be found in a straight line horizontally, vertically, or diagonally. They may be read either forward or backward.

Four types of movement:

A _____ R

C _____ N

G _____ G

R _____ N

Gray writes that one type of movement (a_____r movement) occurs between long bones, and happens in four directions. Find those words too!

A _____ N

A _____ N

E _____ N

F _____ N

```
            N   F
          C   O   R   L
        N   B   I   A   Z   E
      Q   O   Q   T   L   B   X   X
    V   M   I   N   C   U   F   Z   P   I
  K   N   K   S   O   U   G   Q   F   V   J   O
W   P   F   B   N   I   D   N   I   L   N   O   L   N
W   C   W   N   E   T   M   A   S   M   A   C   O   G
  N   O   I   T   C   U   D   B   A   B   I   N
    X   L   X   U   C   C   E   U   T   I
      M   E   D   R   I   Z   A   D
        Q   D   I   N   T   I
          A   C   O   L
            R   G
```

ARTICULATIONS OF THE VERTEBRAL COLUMN

Every word in all capitals in the passage from "Gray's Anatomy" is contained within the group of letters. Words can be found in a straight line horizontally, vertically, or diagonally. They may read either forward or backward.

The INVERTEBRAL SUBSTANCE is a LENTICULAR DISC of FIBRO-CARTILAGE, INTERPOSED BETWEEN the ADJACENT SURFACES of the BODIES of the VERTEBRAE, from the AXIS to the SACRUM, FORMING the CHIEF BOND of CONNEXION between THESE BONES.

```
I S U R F A C E S N T N Z G D T
S D I S C T G D A I Y C Y A X W
L K I N V E R T E B R A L Z L F
J L Y F N V I G N I M R O F I D
M V E L N O I X E N N O C B A D
M E S N C T M J G B O H R T E V
N X W G T W A C D I O O F S T I
E F O H D I M D V L C N O Y E L
E J E Y I U C E J A M P D J C S
W N Z I R J R U R A R T H E N E
T C U C H T S T L E C L E S A N
E U A K E C I F T A E E G J T O
B S E B R L A N I T R H N T S B
Y U R O A X I C S Q L C T T B C
Q A P G I V W B O D I E S B U W
E R E S G N Q Z E S E H T S S Y
```

THE TEMPORO-MAXILLARY ARTICULATION

Every word in all capitals in the passage from "Gray's Anatomy" is contained within the group of letters. Words can be found in a straight line horizontally, vertically, or diagonally. They may read either forward or backward.

The MOVEMENTS PERMITTED in this ARTICULATION are VERY EXTENSIVE. THUS, the JAW may be DEPRESSED or ELEVATED, or it may be CARRIED FORWARDS or BACKWARDS, or FROM side to SIDE. It is by the ALTERNATION of THESE movements PERFORMED in SUCCESSION, that a KIND of ROTATORY movement of the LOWER jaw upon the UPPER TAKES PLACE, WHICH MATERIALLY ASSISTS in the MASTICATION OF FOOD.

```
H  F  I  B  T  D  E  S  S  E  R  P  E  D  S  V
S  H  B  M  O  V  E  M  E  N  T  S  E  E  U  F
R  O  T  A  T  O  R  Y  G  A  K  W  S  D  H  O
E  C  A  L  P  K  I  N  D  U  M  E  P  E  T  O
N  O  I  S  S  E  C  C  U  S  H  N  N  M  S  D
S  O  T  A  B  N  H  P  X  T  O  M  O  R  D  N
E  H  I  N  S  C  V  F  J  I  C  A  I  O  R  P
K  V  U  T  I  S  O  E  T  Y  Q  T  T  F  A  E
A  F  I  H  A  R  I  A  R  O  R  E  A  R  W  R
T  O  W  S  W  C  L  S  C  Y  E  R  N  E  K  M
R  D  Z  A  N  U  I  A  T  Q  P  I  R  P  C  I
B  E  R  M  C  E  R  T  U  S  P  A  E  A  A  T
F  D  W  I  S  R  T  W  S  C  U  L  T  F  B  T
S  N  T  O  I  I  A  X  U  A  D  L  L  R  M  E
O  R  G  E  L  J  D  G  E  V  M  Y  A  O  U  D
A  P  D  E  T  A  V  E  L  E  A  L  L  M  O  D
```

Every word listed is contained within the group of letters. Words can be found in a straight line horizontally, vertically, or diagonally. They may be read either forward or backward.

ANTERIOR ATLO-AXOID

ANTERIOR COMMON

ANTERIOR OCCIPITO-ATLOID

CAPSULAR

COSTO-STERNAL

COSTO-TRANSVERSE

INTER-SPINOUS

INTER-TRANSVERSE

LATERAL OCCIPITO-ATLOID

LIGAMENTA SUBFLAVA

OCCIPITO-AXOID

ODONTOID

POSTERIOR ATLO-AXOID

POSTERIOR COMMON

POSTERIOR OCCIPITO-ATLOID

SUPRA-SPINOUS

TRANSVERSE

```
P B E V A E S R E V S N A R T O T S O C
O F D X L Q X S R L G E D Y Q O Y A P S
S S W T A X Z F N A M R L A N D B N A U
T K N S T W A R H N F N P V A I K T F O
E I O K E C H N Z R H G A A V O R E O N
R N M I R N P W O E A F N L P X J R M I
I T M D A N Q V V T S U T F H A W I E P
O E O C L J U Y I S F O E B N O Z O L S
R R C E O N O K U O G D R U O L N R R A
O S R S C M L A A T X O I S M T T O I R
C P O R C U F T S S E N O A M A E C L P
C I I E I A W K A O U T R T O R T C F U
I N R V P T P H N C H O A N C O U I L S
P O E S I G F S S J W I T E R I F P Y V
I U T N T G Y X U M C D L M O R B I A V
T S N A O F C D A L T S O A I E P T I I
O R A R A A C C T D A X A G R T F O X K
A L T T T N Y M Y Z W R X I E S K A F O
T X G R L N O L L E L B O L T O D T Y W
L U B E O T J Z S M B D I Z S P Z L G N
O U K T I X K K A Z T H D X O Y N O J Q
I N F N D B I C A W E F R M P Y R I Y O
D T G I R Y E S R E V S N A R T B D U R
P D N D I O X A O T I P I C C O N O H B
```

LIST OF LIGAMENTS (2)

Every word listed is contained within the group of letters. Words can be found in a straight line horizontally, vertically, or diagonally. They may be read either forward or backward.

ACROMIO-CLAVICULAR

CORACO-ACROMIAL

CORACO-CLAVICULAR

CORACO-HUMERAL

COSTO-CLAVICULAR

GLENOID

GREAT SACRO-SCIATIC

INTER-CLAVICULAR

INTEROSSEOUS

LESSER SACRO-SCIATIC

LUMBO-ILIAC

LUMBO-SACRAL

ORBICULAR

OBLIQUE

SACRO-COCCYGEAL

SACRO-ILIAC

STERNO-CLAVICULAR

```
E R T K E J A A D I R Q E X T D Y R
Q D S T E R N O C L A V I C U L A R
L U M B O I L I A C L W H V J L I C
I X R Q X O B L I Q U E I J U N O S
N Q J T A X M B R Z C W G C T R C A
T U E E G X W G H K I E I E A J C C
E L N J X F H J S B V V R C D A O R
R U X K Z B H U R T A C O A I C R O
O M G E I U T A A L L A P T O A A C
S B T K F Y L T C A C G V X N I C O
S O E W R U C O V R O D J D E L O C
E S V A C O T I O F I H G W L I H C
O A U I W S C M L V M G U E G O U Y
U C B L O U I Q W A O S K E M R M G
S R K C L A Y F V Z R J D D X C E E
O A Z A L A D I F Y C C X O V A R A
V L R X M Z E I K A A E E N V S A L
C O R A C O C L A V I C U L A R L G
C I T A I C S O R C A S R E S S E L
C I T A I C S O R C A S T A E R G P
```

LIST OF LIGAMENTS (3)

Every word listed is contained within the group of letters. Words can be found in a straight line horizontally, vertically, or diagonally. They may be read either forward or backward.

CALCANEO-ASTRAGALOID

CALCANEO-CUBOID

CAPSULAR

COTYLOID

DORSAL

EXTERNAL CRUCIAL

EXTERNAL LATERAL

ILIO-FEMORAL

INTERNAL CRUCIAL

INTERNAL LATERAL

INTEROSSEOUS

LIGAMENTA ALARIA

LIGAMENTUM MUCOSUM

PALMAR

PLANTAR

RADIO-ULNAR

TERES

TIBIO-FIBULAR

```
G T S R A L U B I F O I B I T W S C
S P D I O B U C O E N A C L A C L A
L O I M H S C Z I H Y D Z S B A A L
H I X N S B G A M D R S I E R S I C
L B G Q T I G Q P A T N F E X E R A
B A A A L E C G D S T Q T F X C A N
B P I V M S R I H E U A M T V H L E
Q X X C E E O N R W L L E Z P P A O
G U X R U U N O A L N R A L S Q A A
I L E T L R S T A L N R A R R Y T S
C T Q N B S C N U A C R S A L A N T
O L A S E Z R L L M O R T M Q J E R
T R A O V E P L A M M N U Z K W M A
Y H U S T I A A E N A U Z C N C A G
L S F N R T B F L L R J C C I X G A
O A I J E O O D P M L E I O A A I L
I N Y R R I D X Z A A Z T F S X L O
D K A Y L E Q M U P G R L X K U W I
I L Y I B Q W G V K R Y Y S E P M D
```

THE MUSCLES

Every word in all capitals in the passage from "Gray's Anatomy" is contained within the group of letters. Words can be found in a straight line horizontally, vertically, or diagonally. They may read either forward or backward.

The MUSCLES are the ACTIVE ORGANS of LOCOMOTION. They are FORMED of BUNDLES of REDDISH FIBRES, consisting CHEMICALLY of FIBRINE, and ENDOWED with the PROPERTY of CONTRACTILITY.

Two KINDS of MUSCULAR TISSUE are FOUND in the ANIMAL body, viz., that of VOLUNTARY or animal LIFE, and that of INVOLUNTARY or ORGANIC life.

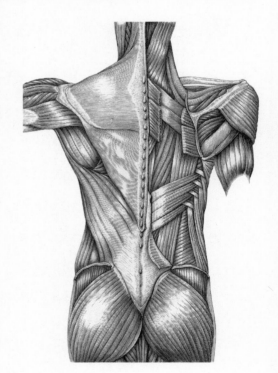

```
F  U  T  S  T  I  S  S  U  E  D  H  J  K  H  Y
O  O  S  J  E  Q  S  E  N  I  R  B  I  F  C  H
R  X  E  H  Y  L  L  A  C  I  M  E  H  C  C  A
M  Y  R  S  Y  G  D  T  S  C  G  C  T  M  X  Q
E  W  B  I  T  R  E  N  J  E  N  D  O  W  E  D
D  J  I  D  I  J  A  F  U  Q  L  A  M  I  N  A
L  S  F  D  L  P  X  T  I  B  R  K  L  U  S  U
J  M  E  E  I  L  R  Y  N  L  Q  O  O  E  S  Q
O  U  U  R  T  V  Y  O  N  U  C  F  L  M  D  G
L  S  H  S  C  X  K  S  P  O  L  C  N  O  N  O
H  C  X  Z  A  P  J  T  M  E  S  O  H  M  I  R
I  U  Q  A  R  Z  V  O  S  U  R  P  V  X  K  G
I  L  Y  S  T  N  T  C  M  D  W  T  K  N  J  A
H  A  A  H  N  I  S  N  A  G  R  O  Y  Z  I  N
C  R  E  P  O  V  O  L  U  N  T  A  R  Y  A  I
C  G  I  N  C  O  U  G  Z  E  V  I  T  C  A  C
```

STRIPED MUSCLES

Every word in all capitals in the passage from "Gray's Anatomy" is contained within the group of letters. Words can be found in a straight line horizontally, vertically, or diagonally. They may read either forward or backward.

The MUSCLES of animal LIFE (STRIPED muscles) are CAPABLE of being either EXERTED or CONTROLLED by the EFFORTS of the WILL. They are COMPOSED of BUNDLES of FIBRES ENCLOSED in a DELICATE WEB of AREOLAR TISSUE. Each bundle CONSISTS of NUMEROUS smaller ones, enclosed in a SIMILAR fibro-areolar COVERING, and these again of PRIMITIVE FASCICULI.

```
D A X W V D E T R E X E C O F F
D T I S S U E P M W W C R C Y D
E N C L O S E D G N I R E V O C
H J S Z B G M R A F S L R M A N
E F D S F S E U I K R V L R C U
C C H E O E P B S A Y P E O D M
O G Q L A R R C L C R O N X E E
N I N D H E A I F I L T C I L R
S O Y N S D M A M A R E D L I O
I D E U E I T I R O F E S U C U
S E F B S L T T L I S L S C A S
T P F V J I B L L O V V H I T D
S I O Q V W E A P D M S E C E J
U R R E Q D E M P T Q O B S V E
C T T A D K O B X A Y O G A B V
G S S O I C W A P H C D E F U D
```

UNSTRIPED MUSCLES

Every word in all capitals in the passage from "Gray's Anatomy" is contained within the group of letters. Words can be found in a straight line horizontally, vertically, or diagonally. They may read either forward or backward.

The muscles of ORGANIC LIFE (UNSTRIPED muscles) consist of FLATTENED BANDS, or of ELONGATED, SPINDLE-shaped fibres, flattened, of a PALE COLOUR, from $\frac{1}{4700}$ to $\frac{1}{3100}$ of an INCH BROAD, HOMOGENOUS in TEXTURE, having a FINELY MOTTLED ASPECT, which sometimes appears GRANULAR, the GRANULES being OCCASIONALLY arranged in a LINEAR SERIES, so as to present a STRIATED appearance.

```
M Y M D Q H Y M D M N R S I B C
D L E R E O O A X Q R P T D U D
R E K L D N O M N R I Q E O B E
A N L P I R E H O N U P Y L I T
L I S T B N T T D G I O Z K H A
U F D R T A E L T R E F L C V I
N L N L I O E A T A E N C O K R
A F A N E G M S R R L C O W C T
R E B H J J N O N R K F U U D S
G F S E L U N A R G L B I H S L
O C C A S I O N A L L Y C L I A
N N J P A L E E E E J N R F D S
I Z M C I N A G R O I F E D S P
Z B D N F I I D E T A G N O L E
S E I R E S B U K R O D V V B C
C S H X T E X T U R E C H C K T
```

TENDONS

Every word in all capitals in the passage from "Gray's Anatomy" is contained within the group of letters. Words can be found in a straight line horizontally, vertically, or diagonally. They may read either forward or backward.

TENDONS are WHITE, GLISTENING, FIBROUS CORDS, VARYING in LENGTH and THICKNESS, sometimes ROUND, sometimes FLATTENED, of CONSIDERABLE STRENGTH, and only SLIGHTLY ELASTIC.

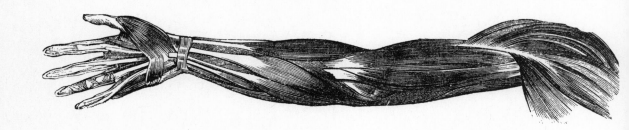

```
B  R  B  V  P  D  N  U  O  R  Y  C  O  R  D  S
F  K  S  Q  J  I  L  H  R  A  R  R  P  V  S  H
W  T  R  L  V  Y  F  H  T  L  Y  M  Q  P  H  C
R  H  Y  N  W  L  V  Z  T  G  J  A  C  Y  F  N
Y  I  X  F  Q  T  T  O  E  G  N  O  R  U  L  Q
O  C  H  I  C  H  T  H  O  R  N  E  D  P  Z  R
C  K  F  B  M  G  A  T  F  S  O  E  L  R  F  E
E  N  M  R  W  I  W  B  I  X  N  F  R  Y  D  H
J  E  F  O  U  L  Q  D  T  E  F  I  Q  T  F  U
E  S  D  U  C  S  E  W  T  G  I  G  U  G  S  T
A  S  O  S  J  R  H  T  N  E  L  A  S  T  I  C
Y  Q  U  Z  A  I  A  I  J  O  Q  S  Y  P  C  I
N  L  T  B  T  L  Y  F  A  N  X  I  R  G  B  E
I  L  L  E  F  R  G  L  I  S  T  E  N  I  N  G
R  E  J  L  A  G  S  N  O  D  N  E  T  V  U  J
O  Q  B  V  I  R  T  X  A  K  I  O  X  Q  G  V
```

FASCIAE

Every word in all capitals in the passage from "Gray's Anatomy" is contained within the group of letters. Words can be found in a straight line horizontally, vertically, or diagonally. They may read either forward or backward.

The FASCIAE (fascia, a BANDAGE), are FIBRO-AREOLAR or APONEUROTIC LAMINAE, of VARIABLE thickness and STRENGTH, found in ALL REGIONS of the body, INVESTING the SOFTER and more DELICATE organs. The fasciae have been SUBDIVIDED, from the STRUCTURE which they PRESENT, into TWO groups, fibro-areolar or SUPERFICIAL fasciae, and aponeurotic or DEEP fasciae. The fibro-areolar fasciae is FOUND IMMEDIATELY beneath the INTEGUMENT over almost the ENTIRE SURFACE of the body, and is GENERALLY KNOWN as the superficial fascia. It CONNECTS the SKIN with the deep or aponeurotic fascia, and CONSISTS of fibro-areolar tissue, CONTAINING in its MESHES PELLICES of FAT in VARYING QUANTITY.

```
S U B D I V I D E D I S X A B C H
I S Y Y T N E M U G E T N I Z O E
M N P R A L O E R A O R B I F N A
M O S T S I S N O C D U L W C N I
E I M S M Z E C E F A C B S O E C
D G C R F N V L A P C T I E N C S
I E R E T F O S O F N U R H T T A
A R F I X N L N G S N R P S A S F
T Q R Z H T E A E E K E F E I V G
E E A P Z U I G I G N I I M N A N
L X U Z R N D D N C A E N W I R I
Y S W O W E E Y S I I D R A N I Y
Q H T O U L S T E E T F N A G A R
Z I N R I V Q E I C C S R A L B A
C K I C E R E F N F A I E E B L V
C L A M I N A E O T E F L V P E Y
R T O C R B G U T A F K R L N U U
E W X Q U A N T I T Y W L U E I S
T P P E E D R M H E U A U Q S P D
```

MUSCLES OF THE HEAD AND FACE

Listed are the muscles from four regions in the head and face. They're listed by their region as defined by "Gray's Anatomy." Every muscle listed is contained within the group of letters. Words can be found in a straight line horizontally, vertically, or diagonally. They may be read either forward or backward. As a bonus, fill in the four regions and find those words as well.

1. E _____ region

    OCCIPITO-FRONTALIS

2. A _____ region

    ATTOLLENS AUREM

    ATTRAHENS AUREM

    RETRAHENS AUREM

3. P _____ region

    ORBICULARIS
    PALPEBRARUM

CORRUGATOR SUPERCILII

TENSOR TARSI

4. O _____ region

    LEVATOR PALPEBRAE

    RECTUS SUPERIOR

    RECTUS INFERIOR

    RECTUS INTERNUS

    RECTUS EXTERNUS

    OBLIQUUS SUPERIOR

    OBLIQUUS INFERIOR

```
F M R E C T U S S U P E R I O R B C G T
I U A T T R A H E N S A U R E M Z R K Y
I R C Q J U W X Y E T T Y M T P X E N N
L A F R C W F G S N R S D K V Y Q C D S
I R U V O M E R U A S N E L L O T T A R
C B O O E I J H L N O I K E L L V U K E
R E X B C L R U X T I H H E C S Y S X T
E P G R L C C E L A T I B R O Z I I K R
P L S B E I I E P I C R A N I A L N S A
U A J J R C Q P B U I R I X W A A F Y H
S P L U F W T U I I S Q R O M M Z E V E
R S A P R P A U U T S S B T M G N R U N
O I E G E Q P O S S O R U G P X K I M S
T R A J U B R O W I I F A U F Y F O A A
A A A X A H R L L H N N R T Q K Q R G U
G L Q T Q C K A T E E T F O R I U B O R
U U L K X Q V P L W J I E E N O L E Y E
R C N B W B L H O J T C V R R T S B Z M
R I F J F U R U C G H B S P N I A N O H
O B M O B N J T I F Q B G F X U O L E L
C R R E C T U S E X T E R N U S S R I T
N O V E A R B E P L A P R O T A V E L S
```

MORE MUSCLES OF THE HEAD AND FACE

Listed are the muscles from six additional regions in the head and face. They're listed by their region as defined by "Gray's Anatomy." As a bonus, fill in the six regions and find those words as well.

<u>Extra bonus:</u> One facial muscle from group 5 is not included because of its length, the levator labii superioris alaeque nasi muscle. It's also known by the name of the singer who used that muscle to raise his upper lip in a famous snarl. Find that singer's name in the puzzle!

5. N _____ region

PYRAMIDALIS NASI

DILATOR NARIS POSTERIOR

DILATOR NARIS ANTERIOR

COMPRESSOR NARIS

COMPRESSOR NARIUM MINOR

DEPRESSOR ALAE NASI

6. S _____ maxiilary region

LEVATOR LABII SUPERIORIS

LEVATOR ANGULI ORIS

ZYGOMATICUS MAJOR

ZYGOMATICUS MINOR

7. I _____ maxillary region

LEVATOR LABII INFERIORIS

DEPRESSOR LABII INFERIORIS

DEPRESSOR ANGULI ORIS

8. I _____ -maxillary region

BUCCINATOR

RISORIUS

ORBICULARIS ORIS

9. *T* _____ *-maxillary region*

MASSETER

TEMPORAL

10. *P* _____ *-maxillary region*

PTERYGOIDEUS EXTERNUS

PTERYGOIDEUS INTERNUS

```
P  L  C  V  F  L  D  Y  S  O  D  I  C  V  I  G  K  L  S  J
U  E  F  S  C  E  I  R  I  Z  E  P  O  L  N  Q  X  W  E  S
E  V  E  I  R  V  L  O  R  M  P  T  M  A  U  A  E  B  S  U
P  A  K  R  G  A  A  I  A  F  R  E  P  R  Z  Y  A  V  I  N
P  T  W  O  R  T  T  R  N  L  E  R  R  O  Y  V  C  I  R  R
J  O  O  I  E  O  O  E  R  Y  S  Y  E  P  G  B  F  L  O  E
D  R  I  L  Z  R  R  F  O  O  S  G  S  M  O  K  Z  I  I  T
E  L  R  U  Y  L  N  N  S  R  O  O  S  E  M  J  R  C  L  X
P  A  O  G  N  A  A  I  S  B  R  I  O  T  A  E  B  D  U  E
R  B  I  N  W  B  R  O  E  I  L  D  R  S  T  C  H  R  G  S
E  I  R  A  D  I  I  J  R  C  A  E  N  N  I  O  Y  Y  N  U
S  I  E  R  M  I  S  Y  P  U  B  U  A  W  C  R  S  Q  A  E
S  S  P  O  A  I  P  T  M  L  I  S  R  B  U  O  U  S  R  D
O  U  U  T  S  N  O  N  O  A  I  I  I  U  S  P  I  P  O  I
R  P  S  A  S  F  S  Q  C  R  I  N  U  C  M  M  R  Y  S  O
A  E  R  V  E  E  T  K  A  I  N  T  M  C  A  E  O  Q  S  G
L  R  D  E  T  R  E  N  K  S  F  E  M  I  J  T  S  E  E  Y
A  I  Y  L  E  I  R  Q  M  O  E  R  I  N  O  V  I  D  R  R
E  O  A  L  R  O  I  L  H  R  R  N  N  A  R  L  R  Q  P  E
N  R  Q  U  T  R  O  E  U  I  I  U  O  T  C  U  A  Y  E  T
A  I  Y  A  S  I  R  T  L  S  O  S  R  O  H  U  A  S  D  P
S  S  L  Q  N  S  H  S  U  V  R  R  G  R  B  L  P  I  A  B
I  I  V  Z  Y  G  O  M  A  T  I  C  U  S  M  I  N  O  R  N
D  N  R  E  T  N  I  D  B  W  S  S  F  O  G  Y  R  E  T  P
I  S  A  N  S  I  L  A  D  I  M  A  R  Y  P  S  D  D  G  X
```

BLINK

Every word in all capitals in the passage from "Gray's Anatomy" is contained within the group of letters. Words can be found in a straight line horizontally, vertically, or diagonally. They may read either forward or backward. Leftover letters at the beginning of the puzzle spell out a passage from "Gray's Anatomy."

The ORBICULARIS PALPEBRARUM is the SPHINCTER muscle of the EYELIDS. The PALPEBRAL PORTION acts INVOLUNTARILY in CLOSING the LIDS, and INDEPENDENTLY of the ORBICULAR portion, which is SUBECT to the WILL. When the ENTIRE MUSCLE is BROUGHT into ACTION, the INTEGUMENT of the FOREHEAD, TEMPLE, and CHEEK, is drawn INWARDS towards the INNER ANGLE of the eye, and the eyelids are FIRMLY closed.

Leftover letters: _____

_____

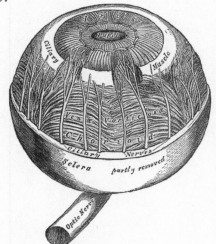

```
T H E L I N D E P E N D E N T L Y
E V M U R A R B E P L A P A T O E
E Y E L I D S R P A L P E B R N A
E E L G N A I T N E M U G E T N I
I S T G O H R Y L M R I F I E Y K
D P I N R T A R E S C T R A L N E
T A R I B E L P T A D E G I O B E
C L E S I M U N O I S I R T S R H
E P N O C P C O F R T A L P N O C
J E N L U L I H I S T M H O U U S
B B I C L E B C L N E I I I T G R
U R A I A S R E U S N T O T H H E
S A L U R P O L P C C E R N E T Y
E L L L I D O A T A N D E X P O S
E S T H I V E E G M U S C L E L O
B E N U N W R I C E I N W A R D S
Y A X I F O R E H E A D J P E S R
```

MUSCLES OF THE NECK (1)

Every word listed is contained within the group of letters. Words can be found in a straight line horizontally, vertically, or diagonally. They may be read either forward or backward.

DIGRASTRIC

GENIO-HYO-GLOSSUS

GENIO-HYOID

HYO-GLOSSUS

LINGUALIS

MYLO-HYOID

OMO-HYOID

PALATO-GLOSSUS

PLATYSMA MYOIDES

STERNO-CLEIDO-MASTOID

STERNO-HYOID

STERNYO-THYROID

STYLO-GLOSSUS

STYLO-HYOID

THYRO-HYOID

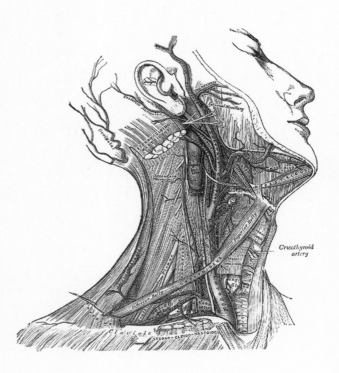

```
G U N S I L A U G N I L M N V D
Z Z D Z D S T E R N O H Y O I D
P Q W I I O I L H O Z M L L N U
Y D Z B O D M G V J U I O J D E
S N X W T Y U O K D G Z H A I J
Q E G W S K H L H N P R Y R G U
O S D A A D E O Z Y Q N O Q R S
K T E I M H I I L I O V I B A U
D E F Z O U Y O S Y L I D S S S
V R R T D Y U O Y N T H D L T S
K N N I I G M J G H A S M T R O
D Y T R E K E A J L O W L R I L
I O L N L T O N M W O R N N C G
M T A Q C A W L I S K S Y V D O
E H R Y O C I X H O Y A S H D T
G Y A R N V J V Z T H T H U T A
K R F V R B F M F G Y Y A R S L
J O B K E A P L K W F O L A A
U I H F T X Z W S A U Z W I P P
K D S U S S O L G O L Y T S D W
S U S S O L G O Y H O I N E G D
```

Every word listed is contained within the group of letters. Words can be found in a straight line horizontally, vertically, or diagonally. They may be read either forward or backward.

AZYGOS UVULAE

CONSTRICTOR INFERIOR

CONSTRICTOR MEDIUS

CONSTRICTOR SUPERIOR

LEVATOR PALATI

LONGUS COLLI

PALATO-GLOSSUS

PALATO-PHARYNGEUS

RECTUS CAPITIS ANTICUS (major and minor)

RECTUS LATERALIS

SCALENUS ANTICUS

SCALENUS MEDIUS

SCALENUS POSTICUS

STYLO-PHARYNGEUS

TENSOR PALATI

```
H D M S U E G N Y R A H P O L Y T S N C I T
Y P A L A T O P H A R Y N G E U S O O A E A
R E L A P R O T A V E L E R S M L N E Z S L
E D A Z Y G O S Y O A T E N S G S O F Y C A
C U V U S O G Y Z A L I V G H T E L N G A P
T S L P S C A L E N U S O T R S P Y I H L S
U S U E L Z C A Y D V P T I O U U T R C S C
S I T I V O L O N G U S C O T C S S O L U A
C L L S D A N U N C S T I H C I R I T E S L
A A I O N E H G I R O R R P I T O T C V S E
P R A R N O M D U R G E T A R N T A R A O N
I E C E A G C S M S Y C S L T A C L R T L U
T T L C L G U E U T Z T N A A S I A T O G S
I A E T U T D S O N A U O T N U R P S R O P
S L V U E I T U C R E S C O O N T R N P T O
A S A U U L V S T O G L M G C E V O O A A S
N U T S O G A O N C L A A I N L N S C L L T
T T O A E L A C S O E L O C I A O N A A A I
I C R T S N O C S F C R I C S C C E Y T P C
C E M R O T C I R Y S N O C A S Z T E I R U
U R R O I R E F N I R O T C I R T S N O C S
S C O N S T R I C T O R S U P E R I O R R R
```

Every word listed is contained within the group of letters. Words can be found in a straight line horizontally, vertically, or diagonally. They may be read either forward or backward. Leftover letters at the top of the puzzle spell the name of another back muscle.

ERECTOR SPINAE

LATISSIMUS DORSI

LEVATOR ANUGLI SCAPULAE

LONGISSIMUS DORSI

RHOMBOIDEUS (major and minor)

SACRO-LUMBALIS

SERRATUS POSTICUS (superior and inferior)

SPINALIS DORSI

SPLENIUS CAPITIS

SPLENIUS COLLI

TRAPEZIUS

Leftover letters: _____

```
L E M U S C U L U S A C C S E S
A A S O R I U S A D S S S I A C
T L R O L U M B A L I E E T M V
I U I E S F V G T M L T R I J F
S P H S O S R F Y A A N R P P D
S A Z C H A F H K X B Q A A R P
I C B J R P U Y S T M H T C E W
M S S O R X L B P I U E U S R U
U I R P D C S G P Z L I S U E W
S L I O I I G T Z B O X P I C B
D G K L D N O R S Z R X O N T L
O U Z S L S A G H N C K S E O M
R N L C U O U L R I A Q T L R M
S A Y O S E C M I J S E I P S S
I R J J Z H D S I S H Q C S P E
C O C W N U Z I U S D Z U B I E
F T Z J U J O R O I S O S L N A
L A U E A Q D R R B N I R B A X
F V C Y W Q T F U L M E G S E H
E E T R A P E Z I U S O L N I F
U L M T K N T F Y J L N H P O Q
K O W O F F P F W O X F U R S L
```

MUSCLES OF THE BACK (2)

Every word listed is contained within the group of letters. Words can be found in a straight line horizontally, vertically, or diagonally. They may be read either forward or backward.

BIVENTOR CERVICUS

CERVICALIS ASCENDENS

COMPLEXUS

EXTENSOR COCCYGIS

INTER-SPINALES

INTER-TRANSVERSALES

MULTIFIDUS SPINAE

OBLIQUUS (superior and inferior)

RECTUS POCTICUS (major and minor)

ROTATORES SPINAE

SEMI-SPINALIS COLLI

SEMI-SPINALIS DORSI

SPINALIS CERVICUS

SUPRA-SPINALES

TRACHELO-MASTOID

TRANSVERSALIS COLLI

```
T  J  I  V  N  L  S  A  U  W  E  R  Z  B  L  B
S  I  S  R  S  H  E  S  Y  E  A  M  F  I  W  M
E  R  R  M  P  H  L  N  K  F  N  G  B  V  L  F
M  E  O  T  I  X  A  E  W  I  I  Q  D  E  S  I
I  C  D  I  N  S  N  D  U  D  P  R  M  N  E  L
S  T  S  N  A  O  I  N  P  Y  S  T  U  T  L  L
P  U  I  T  L  R  P  E  L  G  S  R  L  O  A  O
I  S  L  E  I  Y  S  C  G  U  E  A  T  R  S  C
N  P  A  R  S  O  A  S  O  C  R  C  I  C  R  S
A  O  N  S  C  N  R  A  G  X  O  H  F  E  E  I
L  C  I  P  E  W  P  S  G  M  T  E  I  R  V  L
I  T  P  I  R  B  U  I  P  Z  A  L  D  V  S  A
S  I  S  N  V  N  S  L  P  S  T  O  U  I  N  S
C  C  I  A  I  B  E  A  J  U  O  M  S  C  A  R
O  U  M  L  C  X  G  C  J  U  R  A  S  U  R  E
L  S  E  E  U  G  D  I  Y  Q  V  S  P  S  T  V
L  G  S  S  S  M  I  V  K  I  X  T  I  S  R  S
I  L  E  Z  Z  C  F  R  O  L  C  O  N  Y  E  N
Z  U  Y  E  A  Q  B  E  Y  B  C  I  A  C  T  A
H  Y  S  Q  N  O  M  C  W  O  B  D  E  U  N  R
Z  P  I  P  A  R  L  B  A  C  F  W  Q  N  I  T
E  X  T  E  N  S  O  R  C  O  C  C  Y  G  I  S
```

BREATHE

Every word in all capitals in the passage from "Gray's Anatomy" is contained within the group of letters. Words can be found in a straight line horizontally, vertically, or diagonally. They may read either forward or backward.

The SERRATI are RESPIRATORY MUSCLES acting in ANTAGONISM to each other. The SERRATUS POSTICUS SUPERIOR ELEVATES the RIBS; it is, THEREFORE, an INSPIRATORY muscle; while the Serratus INFERIOR draws the LOWER ribs DOWNWARDS, and is a MUSCLE of EXPIRATION.

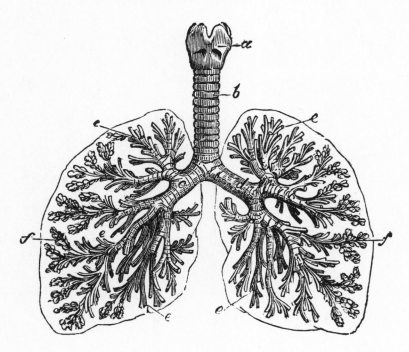

```
X  C  S  H  F  O  C  S  U  C  I  T  S  O  P
L  O  W  E  R  E  W  X  Q  Q  E  D  Z  R  T
E  G  S  U  L  T  X  U  Q  L  I  I  W  E  S
R  S  H  D  U  C  Q  P  E  T  T  C  W  S  E
O  R  S  F  R  D  S  V  I  A  F  M  I  P  R
F  Y  Y  U  F  A  A  U  R  R  U  Q  M  I  R
E  O  N  S  P  T  W  R  M  S  A  S  D  R  A
R  L  J  B  E  E  E  N  C  Y  I  T  R  A  T
E  L  L  S  J  S  R  L  W  N  N  H  I  T  U
H  D  I  N  O  H  E  I  O  O  B  V  B  O  S
T  H  P  N  M  G  G  G  O  W  D  O  S  R  N
V  J  K  Q  L  C  A  X  X  R  F  W  S  Y  S
M  S  M  Y  F  T  L  M  L  I  W  N  Q  T  H
Y  X  K  Z  N  M  I  N  F  E  R  I  O  R  I
W  Y  I  A  I  N  S  P  I  R  A  T  O  R  Y
```

MUSCLES OF THE ABDOMEN

Six muscles of the abdomen are listed below, but they've lost their vowels! Search for each muscle by its correct name within the group of letters. Words can be found in a straight line horizontally, vertically, or diagonally. They may be read either forward or backward.

BLQS XTRNS

BLQS NTRNS

PRMDLS

QDRTS LMBRM

RCTS BDMNS

TRNSVRSLS

```
N T S I L A S R E V S N A R T O
I Q V S R A S U O C L O P Q N I
Y U C B Y O U I B S U I Y D I A
P A S B Q C N L L P B E R E S P
L D L O I P R O I D T V A Y U U
C R X B I N E X Q U T O M N N U
Y A X C N R T C U O S T I E I I
L T T Y C L X Q U P P U D R M C
O U M R U V E E S L A D A V O T
B S P X T S S C I A E R L V D L
V L S A S L U D N Y O X I E B B
D U R S S V U U T U I D S U A C
E M I I S O Q V E Y I C B B S X
Q B Y B E X I S R Y T T R Y U M
C O I I N A L M N B L R O R T I
B R T R X C B N U D V C L O C A
N U L E Y T O B S R T Q R I E A
X M X D E U S P X V N R O V R U
```

MUSCLES OF THE THORAX

Every word listed is contained within the group of letters. Words can be found in a straight line horizontally, vertically, or diagonally. They may be read either forward or backward.

INTERCOSTALES EXTERNI

INTERCOSTALES INTERNI

INFRA-COSTALES

LEVATORES COSTARUM

TRIANGULARIS STERNI

```
I N T E R C O S T A L E S I N T E R N I
M T L X R L C E U C F V T F F O C E N T
L G R R F M C X G I L N A M G G M T G C
E E S I X O N E X R M N I X I N E I M A
A F A M A M S N X A E R C R U R T U M N
U V C F X N I E O T R G N L C X R R V O
O L T G A T G G L F C U N O F A V A V A
I N I C G R U U A M X S S T X S L A L
F M N T G O L C L U T T V S G X U G E C
S V E I V R L N I A A S O S O V C T T L
R A U L N N A U S L R C O X T R M M L N
G O C N E F O M E V S I T C L A U X T G
L T S I R C S S G E O U S N A X X N N S
S O R X I I E C R N O R A S N R A M R E
N U C N C X U O O L R R F M T R F R A O
O G M R T R T C N V V O R E T E O N R E
S M C E O A S R S L S N S U A F R N I L
M N R C V G A G N X L L C E E M U N V N
N N A E E N A A C C R T L U V V M R I X
I G L E C M X G X G T U E U N S F S N C
```

THE DIAPHRAGM

Every word in all capitals in the passage from "Gray's Anatomy" is contained within the group of letters. Words can be found in a straight line horizontally, vertically, or diagonally. They may read either forward or backward. Leftover letters spell out a quote from "Gray's Anatomy."

The DIAPHRAGM is a THIN MUSCULO-FIBROUS SEPTUM, placed OBLIQUELY at the JUNCTION of the UPPER with the LOWER two-thirds of the TRUNK, and SEPARATING the THORAX from the ABDOMEN, FORMING the FLOOR of the FORMER CAVITY and the ROOF of the LATTER.

Leftover letters: _____

```
I  S  N  N  A  L  L  E  X  P  U  L  S  L  I  V
E  E  E  F  O  F  O  R  T  S  T  H  O  E  D  I
A  P  S  P  H  I  R  A  G  M  I  W  S  C  A  L
L  A  E  U  D  I  T  N  T  O  E  A  C  L  T  T
I  R  O  N  O  T  O  C  G  R  I  V  M  A  Y  H
E  A  A  D  D  R  A  I  N  T  I  O  U  T  L  I
N  T  A  L  P  B  B  O  R  U  W  E  T  T  E  N
R  I  T  O  D  E  A  I  C  O  J  H  P  E  U  E
X  N  P  O  U  I  L  S  F  I  O  V  E  R  Q  E
E  G  M  F  F  C  A  O  R  O  T  F  S  T  I  H
U  E  S  B  E  R  A  P  F  O  L  R  E  S  L  N
N  E  E  Z  E  I  N  V  H  G  C  U  O  U  B  G
H  I  N  M  G  L  A  U  I  R  R  G  C  H  O  I
N  G  R  A  N  D  C  R  Y  T  A  E  I  S  N  G
A  O  D  E  E  P  I  N  S  P  Y  G  P  I  U  R
F  A  T  I  F  L  O  O  R  O  N  T  M  P  A  M
G  N  I  M  R  O  F  K  E  S  P  L  A  C  U  E
K  N  U  R  T  W  E  T  H  O  R  A  X  H  L  I
```

MUSCLES OF THE UPPER EXTREMITIES

Every word listed is contained within the group of letters. Words can be found in a straight line horizontally, vertically, or diagonally. They may be read either forward or backward. Along with the list, one additional muscle of the Posterior Humeral Region is found in the puzzle. "Gray's Anatomy" describes this muscle as "situated on the back of the arm, extending the entire length of the posterior surface of the humerus." Gray calls it "the great Extensor muscle of the fore-arm" and "the direct antagonist of the Biceps and Brachialis anticus." Name the muscle and find it in the puzzle.

BICEPS

BRACHIALIS ANTICUS

CORACO-BRACHIALIS

DELTOID

INFRA-SPINATUS

PECTORALIS MAJOR

PECTORALIS MINOR

SERRATUS MAGNUS

SUB-ANCONEUS

SUBCLAVIUS

SUBSCAPULARIS

SUPRA-SPINATUS

TERES MAJOR

TERES MINOR

Missing Muscle: _____

```
M H S C L J I D M S E S J S B P
B R E U H F E C P O U U E U E L
S O O T B L E E U B M S U C U S
E I S J T S C I C D U L T I S U
S T L O A I C L C E G O C T J T
J E I A B M A A N E R B S N M A
H D R L I V S O P A H U G A J N
R T V R I H C I L U T M E S J I
O F E U A N C I L A L D G I F P
N G S R A T S A N A O A I L C S
I V P B E M U I R H R F R A V A
M E U R I S P S E B J O M I M R
S S R N O S M D M E O A T H S F
E D O T A C E A E A E C E C A N
R R H R C H F I J R G O A A E I
E L P V J A V I L O V N O R F P
T U L M F T G C T E R V U B O E
S C F S P E C I R T A L P S O C
```

MUSCLES OF THE FOREARM

Every word listed is contained within the group of letters. Words can be found in a straight line horizontally, vertically, or diagonally. They may be read either forward or backward.

ANCONEUS

EXTENSOR CARPI RADIALIS (brevior and longior)

EXTENSOR CARPI ULNARIS

EXTENSOR COMMUNIS DIGITORUM

EXTENSOR INDICIS

EXTENSOR MINIMI DIGITI

EXTENSOR OSSIS METACARPI (pollicis)

EXTENSOR PRIMI INTERNODII (pollicis)

EXTENSOR SECUNDI INTERNODII (pollicis)

FLEXOR CARPI RADIALIS

FLEXOR CARPI ULNARIS

FLEXOR LONGUS POLLICIS

FLEXOR PROFUNDUS DIGITORUM

FLEXOR SUBLIMUS DIGITORUM

PALMARIS LONGUS

PRONATOR QUADRATUS

PRONATOR RADII TERES

SUPINATOR BREVIS

SUPINATOR LONGUS

```
E F M F L E X O R C A R P I U L N A R I S S
X L U S S X F G Z S G E P H L A C Q V F I F
T E R S I T L W O I P X D E U R M D J L I O
E X O P L E E S C R R P M F S B G H A T I F
N O T A A N X M Z A O R Y J E E R I H U D B
S R I L I S O A U N N O K R N O D H Z I O I
O L G M D O R L K L A N U T O A E Z I L N E
R O I A A R P S S U T A W U R Y M H G N R X
C N D R R S R U I I O T B I V J A S H H E T
O G S I I E O P V P R O P V T H I D L J T E
M U U S P C F I E R R R D W A K I B U X N N
M S M L R U U N R A A Q L J A W W T D Q I S
U P I O A N N A B C D U A F H F T M L V I O
N O L N C D D T R R I A L N B R H L B C M R
I L B G R I U O O O I D P L C H T B I B I M
S L U U O I S R T S T R J S D O J D S J R I
D I S S X N D L A N E A U I C H N G G U P N
I C R Z E T I O N E R T R S U I A E J F R I
G I O T L E G N I T E U G J R M Q E U O O M
I S X B F R I G P X S S B O G O E W Q S S I
T E E S V N T U U E U S S W U L W W T L N D
O B L E T O O S S U P N O F T E A W T E E I
R T F B W D R L T J E B H F L J S F Y F T G
U O C S N I U W F T V H V L Z B B A R Y X I
M Z C H U I M O X G E M C Q H P J T O B E T
H W S W Y F I E N F J S Q M Y V H C K E T I
I P R A C A T E M S I S S O R O S N E T X E
```

MUSCLES OF THE HAND

The listed words, used in the names of hand muscles, are contained within the group of letters. Words can be found in a straight line horizontally, vertically, or diagonally. They may be read either forward or backward.

ABDUCTOR

ADDUCTOR

BREVIS

DIGITI

DORSALES

FLEXOR

INTEROSSEI

LUMBRICALES

METACARPI

MINIMI

OPPONENS

OSSIS

PALMARIS

POLLICIS

<u>Bonus quiz:</u> We've combined the words from the word list into five combinations. Three are real names of hand muscles. Two are fake. Do you know which are which?

1. Adductor pollicis

2. Palmaris brevis

3. Abductor ossis minimi

4. Flexor brevis minimi digiti

5. Interossei brevis

```
I  P  O  J  B  Q  P  A  L  M  A  R  I  S  B  O
X  J  M  N  F  R  U  I  D  H  H  T  R  Z  I  S
B  I  L  G  W  W  E  F  I  H  A  H  V  E  Y  I
X  V  P  U  G  A  G  X  G  D  O  X  S  P  D  C
B  R  B  R  M  Z  L  G  I  A  H  S  D  O  H  I
H  A  D  R  A  B  K  M  T  P  O  F  R  U  W  L
F  L  U  J  E  C  R  A  I  R  G  S  Z  R  N  L
Q  Q  Q  I  O  V  A  I  E  S  A  C  G  O  V  O
O  T  J  X  S  P  I  T  C  L  H  B  X  X  N  P
P  D  U  N  A  V  N  S  E  A  T  J  I  E  F  A
P  D  S  A  I  I  Q  S  I  M  L  Z  U  L  G  B
O  O  N  A  D  D  U  C  T  O  R  E  M  F  A  B
N  W  V  R  O  T  C  U  D  B  A  R  S  B  S  F
E  F  X  I  S  W  Z  E  M  Z  X  G  Z  N  O  O
N  Z  L  I  M  I  N  I  M  V  S  M  E  I  Y  O
S  C  J  O  S  S  I  S  G  P  W  F  M  Y  M  S
```

THE PECTORALIS MAJOR

Every word in all capitals in the passage from "Gray's Anatomy" is contained within the group of letters. Words can be found in a straight line horizontally, vertically, or diagonally. They may read either forward or backward.

If the ARM has been RAISED by the DELTOID, the PECTORALIS MAJOR will, CONJOINTLY with the LATISSIMUS DORSI and TERES major, DEPRESS it to the SIDE of the CHEST; and, if ACTING SINGLY, it will DRAW the arm across the FRONT of the chest.

```
U  H  J  X  W  M  Q  S  H  L  D  W  K  X  T  B
B  O  R  M  H  L  I  Y  P  R  E  M  S  D  S  A
A  P  Q  Q  A  N  U  F  U  L  L  Q  E  V  E  B
R  L  V  S  G  J  T  M  A  C  T  X  J  H  H  Y
M  R  X  L  F  R  O  T  H  M  O  O  S  M  C  S
V  N  Y  N  D  D  I  R  A  F  I  K  Y  M  V  S
T  F  V  Z  R  S  W  P  Q  Q  D  H  I  B  Y  E
E  K  T  D  S  P  E  C  T  O  R  A  L  I  S  R
R  R  T  I  G  G  N  I  T  C  A  Q  V  I  H  P
E  T  M  W  Q  C  C  M  P  I  E  D  I  S  N  E
S  U  D  Z  K  F  R  O  N  T  N  H  R  C  C  D
S  I  Z  E  D  Y  L  T  N  I  O  J  N  O  C  O
U  P  S  R  S  Z  O  A  E  W  G  W  C  P  W  B
W  H  A  R  R  I  C  W  I  M  J  D  S  Y  H  K
T  W  V  I  O  Q  A  S  Q  H  R  M  P  O  D  G
K  P  H  Y  M  D  M  R  M  C  B  U  W  B  Q  C
```

THUMBS UP

Every word in all capitals in the passage from "Gray's Anatomy" is contained within the group of letters. Words can be found in a straight line horizontally, vertically, or diagonally. They may read either forward or backward.

The ACTIONS of the MUSCLES of the THUMB are almost SUFFICIENTLY INDICATED by their names. This SEGMENT of the HAND is provided with three EXTENSORS, an Extensor of the METACARPAL bone, an Extensor of the FIRST, and an Extensor of the SECOND PHALANX; these OCCUPY the DORSAL surface of the fore-arm and hand. There are, also, three FLEXORS on the PALMAR SURFACE, a Flexor of the metacarpal BONE, the Flexor OSSIS METACARPI (OPPONENS POLLICIS), the Flexor BREVIS pollicis, and the Flexor LONGOR pollicis; there is also an ABDUCTOR and an ADDUCTOR. These muscles GIVE to the thumb that EXTENSIVE RANGE of MOTION which it POSSESSES in an EMINENT DEGREE.

S L D S S N E N O P P O G T L V
Y E O N I R O T C U D D A A Y N
G L V N O C T F P J Q Z P B R X
E N T I G C I I H Y M R E N O B
E C G N S O E L A T A I R B T D
G G A K E N R S L C K Y W M C E
V I N F B I E A A O T J F U U G
Y R P A R R C T N E P I H H D R
P A P R R U E I X P L F O T B E
U M J H A M S V F E N R N N A E
C L U E D C X E I F K E U T S X
C A H A N D A K V S U S D S F T
O P K D J Y X T E I E S F R L E
J M O T I O N L E G G J O I E N
L A S R O D C O M M Y S Y F X S
L W P Y I S W E G K S V A Z O O
A Y F D U T N E N I M E Y J R R
L F O M Z T P O S S E S S E S S
J E P K D E T A C I D N I G O J

FRACTURES

Every word in all capitals in the passage from "Gray's Anatomy" is contained within the group of letters. Words can be found in a straight line horizontally, vertically, or diagonally. They may read either forward or backward.

The STUDENT, having COMPLETED the DISSECTION of the MUSCLES of the UPPER EXTREMITY, should CONSIDER the EFFECTS LIKELY to be PRODUCED by the ACTION of the VARIOUS muscles in FRACTURES of the BONES; the CAUSES of DISPLACEMENT are thus EASILY RECOGNIZED, and a SUITABLE TREATMENT in each CASE may be READILY ADOPTED.

```
S I Z A Y J C O N S I D E R T S
E E L B A T I U S R O E S P U T
R D D D L C J X E C P G T V N X
U S E P S C O C S E N O B E C E
T E U T I E O M Y M U E D E P X
C S U Y P G L E P T G U A A R T
A U R P N O S C N L T O X S O R
R A D I P U D E S S E J Q I D E
F C Z Q O E M A U U V T W L U M
X E G I S T R P F D M T E Y C I
D D R A A S T C E F F E K D E T
T A C E D I S S E C T I O N D Y
V T R E P J P B A W C C W K B B
E T W O Q N O I T C A C D J Q R
U L A T N E M E C A L P S I D D
L Q I Y L I D A E R L I K E L Y
```

MUSCLES OF THE ILIAC REGION

"Gray's Anatomy" subdivides muscles of the lower extremity into groups. One group is the Iliac region, containing three muscles. List those muscles, then find them in the puzzle. Leftover letters somewhere in the puzzle spell out a quote from Gray's Anatomy.

1. P _____ m _____ (2 words)

2. P _____ p _____ (2 words)

3. I _____ (1 word)

Leftover letters: _____

```
U A O S P S O A S M C A I L I A
U A O S P P V O A S P S L S T H
E P S O A S A N D I L I P A C S
U S M U S C L E S A C T S I U N
G F R O M A B O V E F L O C E X
T H E P T H I G H U P O A N T H
E P E L S V I S A N D I S A T T
H E S A M O E T I M L E M R O T
A T E T H E A F E I M U A R O U
T W A R D S F S R O M T G H E O
B L I Q U I T Y P O F T N H E I
R I N S E R T I O A N I U N T O
T H E I N N E R A N R D S B A C
K P A R T O F T H A T V B O N E
M R A M S A U S P C S S U P O V
R A P S A O S P P P P S O C S I G
```

THIGH AND HIP MUSCLES

Every word listed is contained within the group of letters. Words can be found in a straight line horizontally, vertically, or diagonally. They may be read either forward or backward.

ADDUCTOR (longus, brevis, and magnus)

BICEPS

CRURAEUS

GEMELLUS (superior and inferior)

GLUTEUS (maximus, minimus, and medius)

GRACILIS

OBTURATOR (internus and externus)

PECTINEUS

PYRIFORMIS

QUADRATUS FEMORIS

RECTUS

SARTORIUS

SEMI-MEMBRANOSUS

SEMI-TENDINOSUS

SUBCRURAEUS

VASTUS (externus and internus)

```
S B S U I R O T R A S E V V U Q
P E R S R O E S L Q R I O M U S
P I M F I U T M I D P S B A D E
G S P I F M L P S L U I D D B M
P U E B T B R P L E I R B Q O I
G E B F B E E O T M A C C G V M
E A C L Y C N U F T N R A A C E
M R E T I D L D U I U A S R R M
E U F B I G O S I R R T M O G B
L R T S Q N F G A N U Y T P P R
L C F F U E E E E S O C P N G A
U B S U M T U U I G U S D V Y N
S U E O S S C G S D Y N U L F O
P S R N L S O E D S O B B S R S
I I C G G O M A R Y P G M Q D U
S I B R C R O B T U R A T O R S
```

LEG MUSCLES

Every word listed is contained within the group of letters. Words can be found in a straight line horizontally, vertically, or diagonally. They may be read either forward or backward.

(Extensor) LONGUS DIGITORUM

(Extensor) PROPRIUS POLLICIS

FLEXOR LONGUS (pollicis and digitorum)

GASTROCNEMIUS

PERONEUS (longus and brevis)

PERONEUS TERTIUS

PLANTARIS

POPLITEUS

SOLEUS

TIBIALIS ANTICUS

TIBIALIS POSTICUS

```
P G N L O B L T A L O I G T O P
S R L O P P M C D L P M M I F E
U I O G U U A B G A A S M B B R
C E N P A G R C M G O T N I S O
I B G S R S F S U R U R P A G N
T O U U A I T R U L F B E L C E
N A S G O C U R P E T P M I E U
A C D N S N C S O O L B M S N S
S S I O S I I P P C U O G P E T
I N G L U B R L L O N F S O T E
L D I R E B D A I U L E C S F R
A L T O N C E G T D R L M T L T
I C O X O I T R E N I N I I F I
B U R E R X L U U C A G N C U U
I X U L E S F S S B R L G U I S
T O M F P I U X R D F D P S G S
```

THE LONGEST MUSCLE

Every word in all capitals in the passage from "Gray's Anatomy" is contained within the group of letters. Words can be found in a straight line horizontally, vertically, or diagonally. They may read either forward or backward.

The SARTORIUS, the LONGEST muscle in the body, is a FLAT, NARROW, RIBAND-LIKE muscle, which ARISES by TENDINOUS fibres from the ANTERIOR SPINOUS process of the ILIUM and upper HALF of the NOTCH below it; it PASSES obliquely ACROSS the UPPER and anterior PART of the THIGH, from the OUTER to the INNER side of the LIMB, then DESCENDS VERTICALLY, as far as the inner side of the KNEE, PASSING behind the inner CONDYLE of the FEMUR, and TERMINATES in a TENDON.

```
I A H A L F S P A S S E S S S K
R Y H G I H T E F D W H R T N H
S D B G E E N K T D C W D M O P
U W O R R A N A A A P R W D T A
O D L I M B Y S P I N O U S C S
N E K I L D N A B I R I B S H S
I Y V D G H C D Y N V R M O K I
D N N P R O C E L S I E T R H N
N N C U N R A S L A N T R C E G
E E M D L G R C A R F N A A I T
T E Y R O Y I E C T T A P L E H
F L V R N R S N I O O E I N F C
E W R E G E E D T R Y U N G A U
O P L N E P S S R I M B T D W B
I O K N S P P B E U B P K E O K
B U L I T U T U V S U U N N R N
```

THE ACHILLES TENDON

Every word in all capitals in the passage from "Gray's Anatomy" is contained within the group of letters. Words can be found in a straight line horizontally, vertically, or diagonally. They may read either forward or backward.

The TENDO ACHILLIS, the COMMON TENDON of the GASTROCNEMIUS and SOLEUS is the THICKEST and STRONGEST tendon in the BODY. It is about SIX inches in LENGTH, and FORMED by the JUNCTION of the APONEUROSES of the TWO PRECEDING muscles. It COMMENCES about the MIDDLE of the LEG, but RECEIVES FLESHY fibres on its ANTERIOR surface, NEARLY to its LOWER END.

```
A A D T M T D S A A G G S D J W
P G B E L I H G U E C O M S M E
O N O N M L D I L E L H U R M N
N I D W M R S D C E L I I T O D
E D Y T I M O I L K M O W L C F
U E G E Y S E F X E E X S J L A
R C X N D G D S N C L T A V C F
O E E D N O E C O H H N N H L N
S R L O B V O M T I E E I E E R
E P R N I R M G C T A L S A B O
S T W E T E N K E R L H R L W I
S R C S N E E T L I Y M E T V R
E E A C L S J Y S C O M M O N E
R G E P T S T R O N G E S T E T
E S O F L E S N O I T C N U J N
N C O D N E T P L O W E R P T A
```

PLAYING FOOTSIE

Every word in all capitals in the passage from "Gray's Anatomy" is contained within the group of letters. Words can be found in a straight line horizontally, vertically, or diagonally. They may read either forward or backward.

The MUSCLES in the PLANTAR REGION of the FOOT may be DIVIDED into THREE GROUPS, in a SIMILAR MANNER to those in the HAND. Those of the INTERNAL plantar region, are CONNECTED with the GREAT TOE, and CORRESPOND with those of the THUMB; those of the EXTERNAL plantar region, are connected with the LITTLE toe, and correspond with THOSE of the little FINGER; and those of the MIDDLE plantar region, are connected with the TENDONS INTERVENING between the two FORMER groups.

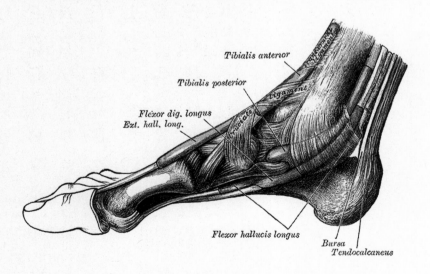

```
R L V T O E P L A N T A R B C R
E S W S S T I N F Y D X I Q W A
G S E O Q J H I X E E E N L F L
I Z H L U S N R T U L M T I Z I
O T S C C G C C E D W M E T T M
N C T L E S E I D E S W R T Y I
V O O R L N U I U T E P V L W S
C L F R N A M M E W L N E E X R
F A F O R Y N N T M A N N E R M
S N C U S E D R T A Y G I A E B
P R T T L O S T E V E T N R U M
U E B J N M T P J T R R G O A U
O T F S T O O F O B X B G R H H
R N N E J P U O H N F E Q A U T
G I R E M R O F G E D B N R E Z
B A U V D E D I V I D D J J O D
```

FIXING FRACTURES

Every word in all capitals in the passage from "Gray's Anatomy" is contained within the group of letters. Words can be found in a straight line horizontally, vertically, or diagonally. They may read either forward or backward.

FRACTURE of the NECK of the FEMUR internal to the CASPULAR LIGAMENT is a very COMMON ACCIDENT, and is most FREQUENTLY CAUSED by INDIRECT VIOLENCE, such as SLIPPING off the EDGE of the KERBSTONE, the IMPETUS and WEIGHT of the BODY FALLING upon the neck of the BONE.

E M L W F L T C E R I D N I Q E
D R D E U H O W C N E L O I V M
G H M S D Y N T E O I M P E T A
Q U P N D E N E S I M Y V Y E G
R A R O M E S T C B G M W L C I
C F B A D M R U F C R H O T N L
O R A I R C O U A R Y E T N E H
S A C L T A L C T C E B K E L N
U C L S L I P P I C K Q U U O I
A T I G N I L L A F A P U Q I M
C U G G N I P P I L S R F E V P
N P A U C A P S U L A R F R N E
O G M M K E R B S T O N E F I T
B I E E S C M V B O N E S Y C U
O E N F I E D G E A C C I D E S
D W T E R I D N I K C E N G W M

ARTERIAL ANAGRAMS

Unscramble each capitalized term in the passage from "Gray's Anatomy" found below to reveal the word that belongs there. Then find the words you unscrambled in the puzzle.

The EAR TIRES _____ are DRY CLINICAL _____ tubular vessels, which SEVER _____ to convey LO BOD _____ from both CENT LIVERS _____ of the EARTH _____ to every part of the body. These vessels were AD MEN _____ arteries from the belief ENTREATED IN _____ by the ACNE NITS _____ that they contained air. To ANGLE _____ is due the honour of FIG TUNER _____ this ONION PI _____; he showed that these vessels, though for the most part MY PET _____ after death DANCE INTO _____ blood in the living body.

```
H H E D B V M O P I N I O N G P
S A T O E B L E E E O N R D D B
U V S Y R R D N S A C M M E H R
F V D U V B Y T O A C E H C I E
E B G D C Y E E T O H Y G M P D
M L R O S V F R N D A U L A P E
E O E E R B Y T M N P V A R P M
T O P E M T A A C F O Y C T G A
I D S I P I Y I A O S U I E N N
G S N M N S E N T F N O R R I N
B B E E Y N L E O O E B D I T R
B V D L T R F D A U L C N E U S
M N E S H M B V D S A Y I S F P
S E L C I R T N E V G O L D E B
M A O P F C M H M Y P U Y H R I
C H E A R T N V G E M S C Y M T
```

COMPLETE THE CIRCULATORY SYSTEM

**Fill in the blanks to complete the passage from "Gray's Anatomy."
Then find the words you used in the grid.**

The _____ artery, which arises from the _____
ventricle of the _____, carries venous _____
directly from the _____, from whence it is returned
by the pulmonary _____ into the _____ auricle.
This constitutes the lesser or _____ circulation. The
great _____, which arises from the left _____, the
_____, conveys arterial blood to the _____ generally;
from when it is brought back to the right side of the heart by
means of the veins. This constitutes the greater or _____
circulation.

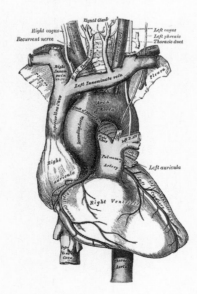

```
N O E N R Y F Y D O B G R T U S
L O O M E H E A R T C P R I M S
B I P G H G C I H I M N H R R
D D U M N M A F L P N B I N H E
B E L N N D C B C D O P L V E E
A M M N L L O I F A M L L O H F
L O O H V P M E P T L D U H O I
P E N R V E C V O R U M N F C D
V U A N T E S T A O P Y G B H P
C F R S C S N M N A M E S T A H
B E Y O H T F T L V L V H O V D
B S O G M I Y E R P L G D E O R
H C R F C E F H M I I S I G T E
U P U U R T P E S R C N Y F U M
B R B A O T V U H N S L D B F R
U Y R E T R A U A S R O E D P B
```

CAPILLARY QUIZ

Answer the questions about capillaries below. Then find the word capillary once, and only once, in the puzzle

1. The word capillary comes from the latin **capillus,** *hair.*

_____ *True*

_____ *False*

2. Capillaries are microscopic.

_____ *True*

_____ *False*

3. They carry blood between the arteries and veins.

_____ *True*

_____ *False*

4. The more active an organ is, the fewer capillaries it needs, so it carries less blood.

_____ *True*

_____ *False*

```
R A R R Y I L A R A A P R P A I A P
L I A A L P P P Y A Y C I I P A A Y
P I A P I R A Y C L A I Y R P R C A
C L A P A P I A C Y Y I L A I C L L
C L C I A A A Y C A A A Y I R Y A A
R C I A Y I A P R L Y Y P C L I C P
A C L L A C L I I P I Y A P I C Y Y
L A C L R I I C C I I C R R R P Y Y
L L C A Y Y A L C I C A P C I C R I
I P A Y Y C C Y C L A Y A L Y P C A
L R P R P A L P L A R P I I C P L C
L L A I I I R Y A I I A Y C L Y C L
C P P L L R R Y C L I A Y L A P L L
Y P A I L L R Y L R A R A L C P R L
I A Y P A P L A Y I Y I C L I A Y C
L A L C R Y R Y I P Y A A L I Y C A
C P C I A Y Y I R P Y P C I C L A C
R R L P I A A L R L R I C Y L I I A
```

THE AORTA

Every word in all capitals in the passage from "Gray's Anatomy" is contained within the group of letters. Words can be found in a straight line horizontally, vertically, or diagonally. They may read either forward or backward.

The AORTA is the MAIN TRUNK of a SERIES of VESSELS, which, ARISING from the HEART, conveys the RED OXYGENATED BLOOD to EVERY PART of the BODY for its NUTRITION.

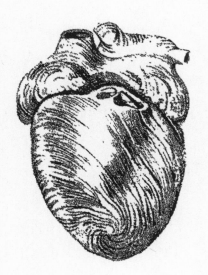
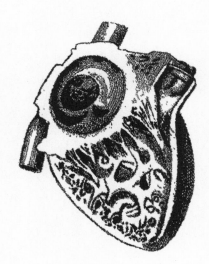

```
B  B  X  O  A  B  X  L  T  R  A  E  H  O  K
K  Y  L  G  G  A  A  O  R  T  A  V  A  H  H
K  Y  O  X  Y  G  E  N  A  T  E  D  G  X  Y
G  N  E  H  S  L  L  T  N  M  B  E  R  Y  S
P  X  U  T  P  X  P  S  R  M  T  O  L  L  B
G  N  M  R  S  X  R  A  L  A  O  G  E  E  N
P  I  G  V  T  G  N  N  R  S  P  S  B  R  M
A  A  N  N  R  U  U  G  A  I  S  K  R  K  B
O  M  H  A  G  S  T  K  N  E  S  K  V  I  E
O  X  H  O  M  E  R  P  V  A  E  I  X  U  A
L  V  R  D  D  I  I  E  O  S  V  S  N  K  E
X  E  E  O  K  R  T  U  A  R  E  I  L  G  B
D  G  O  M  N  E  I  O  B  H  R  Y  D  O  B
V  L  O  B  U  S  O  B  X  I  Y  I  B  H  M
B  K  H  B  E  S  N  N  O  H  D  K  V  X  A
```

AROUND THE AORTA

"Gray's Anatomy" locates these structures near the arch of the aorta. Every word listed is contained within the group of letters. Words can be found in a straight line horizontally, vertically, or diagonally. They may be read either forward or backward.

CARDIAC PLEXUS

ESOPHAGUS

LEFT BRONCHUS

LEFT CAROTID

LEFT PHRENIC NERVE

LEFT PNEUMOGASTRIC NERVE

LEFT SUBCLAVIAN

PERICARDIUM

PLEURA

PULMONARY ARTERY

PULMONARY VESSELS

RIGHT AURICLE

SUPERIOR CAVA

THORACIC DUCT

TRACHEA

```
N V Z G N R X H S H S Y J C L C
M T J X J T O W U E R C P V E W
Q A R Y K K Q E H L E J U Y F N
T B B A A M P X C C G L R T A
H H Y R C L N Y N I I E M E P I
O K I Z E H P L O R X Q O T N V
R E T U B B E N R U G E N R E A
A H R A L Z Q A B A C S A A U L
C A I N S H J G T T I O R Y M C
I T M I T E Y L F H E P Y R O B
C R X G M I A G E G B H V A G U
D L Q L M H H N L I X A E N A S
U R Y H F H P M I R U G S O S T
C A R D I A C P L E X U S M T F
T W W O V F E D S L Y S E L R E
L E F T C A R O T I D N L U I L
H Q M D X Y C S H E G V S P C P
T W A V A C R O I R E P U S N U
R U B D P W P K Q I Z Z G X E N
J C C J L H J O H T I B U B R U
L E F T P H R E N I C N E R V E
Z B M U I D R A C I R E P V E B
```

THE CORONARY ARTERIES

Every word in all capitals in the passage from "Gray's Anatomy" is contained within the group of letters. Words can be found in a straight line horizontally, vertically, or diagonally. They may read either forward or backward.

The CORONARY ARTERIES SUPPLY the HEART; they are TWO in NUMBER, RIGHT and LEFT, ARISING NEAR the COMMENCEMENT of the AORTA immediately above the FREE margin of the SEMI-LUNAR VALVES. The Right Coronary ARTERY, about the SIZE of a CROW'S QUILL, arises from the aorta IMMEDIATELY ABOVE the free MARGIN of the right semi-lunar VALVE, BETWEEN the PULMONARY artery, and the APPENDIX of the right AURICLE.

```
I Q X V A L V E A R T E R I E S
G S I A N I G R A M N L M C P A
Y P D U B R A N U L I M E S Y Q
I T N R N E A R A V C S W O R C
M J E I E F I R A C O J B V Y V
M T P C F W I T O Y M E E A R L
E R P L M S R R R W M E T L A B
D E A E I O O E E A E R W V N L
I B I N A N T V O S N F E L O W
A M G J A R O E S U C G E E M N
T U U R A B Q M R P E W N S L Q
E N Y T A H T C K P M H Q O U E
L E Z X H U E T W L E X W I P Z
Y X Y Z D G T A O Y N T L A B I
V W X T H P I L R R T L L Z V S
J M I T F E L R C T Y G K M O D
```

AROUND THE INNOMINATE ARTERY

"Gray's Anatomy" locates these structures near the Innominate Artery. Every word listed is contained within the group of letters. Words can be found in a straight line horizontally, vertically, or diagonally. They may be read either forward or backward.

<u>Bonus question:</u> The innominate artery is also known by this name. Find that name in the puzzle!

LEFT CAROTID

LEFT INNOMINATE VEIN

PLEURA

RIGHT PNEUMOGASTRIC NERVE

RIGHT VENA INNOMINATA

STERNO-HYOID

STERNO-THYROID

STERNUM

THYMUS

TRACHEA

The innominate artery is also called the b_____ artery.

```
R E R I P M Z O J C B O J Y T R D N V T Q
U N O I M M A W K E X E A Q B U I Q B O D
W B D I G U J J P X R C A J R Y O Z R J H
H K I W F H N Q Y J Z O G Z I N Y C A Q K
A S O M V L T R H M P K I C G X H H C H M
T J R M C F C V E T Q I J Y H H O T H Y B
L G Y W G C D N E T D U X J T Q N M I S I
S Q H N V C B I I N S V Z P P V R A O C L
Z Z T K J G R E S W A V A J N I E R C S E
V K O E C E E V T Q N I W O E G T D E A F
D J N J U O T E Q F D I N I U Z S I P J T
X L R I V A C T Z L K E O N M N T D H P C
A X E E D P H A P J I Z J B O T N A A K A
N G T O B D T N P N R P J K G M Q P L M R
G U S G B A H I R P L E U R A Q I X I A O
M E J H C O Y M J J T F H Z S P B N C F T
Y C L J D X M O A N O X D W T F R M A B I
A P U Z P H U N A A J U Z G R J Y E Y T D
O D F Z L J S N H R M R N D I O K W R O A
G F N Q R W X I E V W X C P C K Q E L H T
H N I Z T W R T H M R S D R N C U H R Y Q
J P V U E V J F H U R R N Q E S S X W V O
E I G M Y R X E F H L M P U R S Y K Q T P
I P M T I G W L J W F N S P V B R H D B A
H U V C Y A E H C A R T E D E D L S F J M
```

COMMON CAROTID ARTERIES

Every word in all capitals in the passage from "Gray's Anatomy" is contained within the group of letters. Words can be found in a straight line horizontally, vertically, or diagonally. They may read either forward or backward.

At the LOWER part of the NECK the two COMMON CAROTID ARTERIES are SEPARATED from each OTHER by a very SMALL INTERVAL, which CORRESPONDS to the TRACHEA; but at the UPPER part, the THYROID body, the LARYNX and PHARYNX PROJECT forwards between these VESSELS, and give the APPEARANCE of their BEING placed further BACK in this SITUATION.

```
D E T A R A P E S Z E M H B O M
X K D G G N M N K T H G N I E B
Q D I N T E R V A L L F I B Z A
S E C K K R T J L A R Y N X H R
T C E J O R P S P L O Z X N J T
K R E P P U R L A G A B R O X E
J K X R S V X E P Y B Z Q I N R
T T C O R R E S P O N D S T Y I
I R Z A T S C S E E S P L A R E
B U A R B O X E A H M G O U A S
S F P C M K P V R C A U W T H P
P A U M H C C O A C L O E I P H
G A O G U E M I N T L H R S U T
A N K Y U N A V C T H Y R O I D
D I T O R A C X E C M C R I Z D
V A F X O L G Z I O T H E R O I
```

THE FACIAL ARTERY

Every word in all capitals in the passage from "Gray's Anatomy" is contained within the group of letters. Words can be found in a straight line horizontally, vertically, or diagonally. They may read either forward or backward.

This VESSEL both in the NECK, and on the FACE, is REMARKABLY TORTUOUS; in the FORMER SITUATION, to ACCOMMODATE ITSELF to the MOVEMENTS of the PHARYNX in DEGLUTITION; and in the LATTER, to the movements of the JAW, and the LIPS and CHEEKS.

```
R  H  U  D  O  M  U  S  I  K  X  I  G  L  K  A
O  B  U  X  A  L  A  T  T  E  R  I  E  M  K  X
E  U  S  S  E  C  A  F  C  A  M  S  O  F  U  B
G  O  R  P  W  C  Y  X  Y  F  S  T  E  W  K  D
C  G  N  E  I  F  N  N  D  E  K  L  N  E  C  D
O  J  A  W  M  L  V  N  V  E  P  O  S  T  E  V
Y  L  B  A  K  R  A  M  E  R  I  M  E  A  N  D
G  T  X  B  D  C  O  P  T  T  O  C  I  D  B  W
H  T  N  W  L  V  I  F  I  V  S  S  C  O  S  V
R  T  Y  W  Y  Y  S  T  E  U  C  H  I  M  X  O
P  U  R  N  T  E  U  M  O  P  E  K  S  M  R  G
G  I  A  U  D  L  E  U  O  E  C  D  L  O  F  V
G  B  H  B  G  N  T  N  K  G  L  F  C  C  B  I
N  J  P  E  T  R  D  S  S  N  W  F  N  C  F  N
B  U  D  S  O  F  L  E  S  T  I  O  K  A  H  I
C  P  S  T  W  W  S  I  T  U  A  T  I  O  N  K
```

BRANCHES OF THE EXTERNAL CAROTID

In "Gray's Anatomy," Gray writes: "The external carotid artery gives off eight branches, which, for convenience of description, may be divided into four sets." Fill in the names of the sets and the branches below, then find those words in the puzzle.

1. A _____

   S _____ t _____

   L _____

   F _____

2. P _____

   O _____

   P _____ a _____

3. A _____

   A _____ p _____

4. T _____

   T _____

   I _____ m _____

```
R A L U C I R U A R O I R E T S O P
C E L M I T E R M I N A L T M D L G
S L M X I C H C M M R Y M T O M A G
L U G X E M T C A L T Y F S L A E T
R T P Y D I L L A T I P I C C O G I
O C R E Y H G A D T G F Y H A U N M
I H U R R H N T I S E S E N F T Y R
R Y F X A I A F U C R S T U E T R N
E L C O G Y O L G U A E F R U H A T
T A C S P D O R U P R F N D X R H C
S U C S E S T O T I G A M I Y U P H
O G A R A G S R O H L L O G I C G E
P N F M N F R R M M Y G R G F A N N
P I X T A G L F A C P R N D T E I N
L L D C E M R X C T L I O Y A X D F
I C A A O M I M O N D C Y I A O N H
T A C D G L P F S N R S M R D Y E P
Y U E N L E C O E P S U T S I Y C E
U I C A L C A C R L P S D Y O O S A
L N R F R F S U A A D G H H D Y A O
F Y D M F A H X I P L F A S T N E C
```

ASSORTED ARTERIAL BRANCHES

Every word listed is contained within the group of letters. Words can be found in a straight line horizontally, vertically, or diagonally. They may be read either forward or backward.

ASCENDING PALATINE

BUCCAL

CRICO-THYROID

DORSALIS LINGUAE

HYOID

INFERIOR CORONARY

INFERIOR LABIAL

INFRA-ORBITAL

LATERALIS NASI

MASSETERIC

MUSCULAR

PTERYGOID

RANINE

SMALL MENINGEAL

STYLO-MASTOID

SUBMAXILLARY

SUBMENTAL

SUPERIOR LARYNGEAL

TONSILLAR

TYMPANIC

VIDIAN

```
S A A L L R V F U O V B I E D L L C
Y F S U A Y A I C L X S F O P A S V
S R F C B T V L A R A Y R O E S M S
I X A C E I I T L N H S N G D T A U
N N U N D N N B S I A M N T D Y L B
M V F I O E D I R L S Y S V C L L M
I A A E M R L I I O R N C R L O M A
Y N S B R A O S N A A R O M F M E X
C M U S R I L C L G I R D T P A N I
R S E E E I O R R C P R F T A S I L
M V T L N T O R O O A A E N T T N L
B A R G A I E T L L I R L Y I O G A
L V U A R C H R U A Y R M A V I E R
I A C E N Y C C I G B P E Y T D A Y
E A P B R I S U O C A I U F I I L S
S U F O E U N I B N M C A O N A N I
S I I O M A D E I A C I Y L U I V E
I D N T G M S C H P U H F Y O L H V
```

THE INTERNAL CAROTID ARTERY

Every word in all capitals in the passage from "Gray's Anatomy" is contained within the group of letters. Words can be found in a straight line horizontally, vertically, or diagonally. They may read either forward or backward.

This VESSEL SUPPLIES the ANTERIOR PORTION of the BRAIN, the EYES, and its APPENDAGES. Its SIZE, in the ADULT, is EQUAL to that of the EXTERNAL CAROTID. In the CHILD, it is LARGER than that vessel. It is REMARKABLE for the NUMBER of CURVATURES that it PRESENTS in DIFFERENT PARTS of its COURSE.

```
A V A N C O U R S E B G S M O G
F U D U O T R E M A R K A B L E
E C B M O L E S S E V D O Z I L
A L K B T L U D A T U K C P K S
T P M E P P R I N C R C U N Q T
E F P R U O U E U B H E R M P N
U B A E V R R Q N I Y X V D X E
Z U D Q N E D T L D C T A L L S
E Z Y I F D R D I B I E T M C E
R O O F T R A O V O Z R U K R R
E D I V H O L G I A N N R U Y P
G D Y I E S R Q E R X A E M S B
R X Z Y I V L A I S E L S K T R
A A E E Q U A L C C X T V V R A
L S Z N M A S I Z E S A N E A I
S E I L P P U S H C K Y Q A P N
```

BE CAREFUL OF PARASOLS

Every word in all capitals in the passage from "Gray's Anatomy" is contained within the group of letters. Words can be found in a straight line horizontally, vertically, or diagonally. They may read either forward or backward. Leftover letters spell out a hidden message.

The CERVICAL PORTION of the INTERNAL CAROTID is SOMETIMES WOUNDED by a STAB or GUN-SHOT WOUND in the NECK, or even OCCASIONALLY by a stab from WITHIN the MOUTH, as when a PERSON RECEIVES a THRUST from the END of a PARASOL, or FALLS DOWN with a TOBACCO-PIPE in his mouth.

Leftover letters: _____

```
I N S U C H P A R A S O L C A S
T E L S O D A L I G A E T U D R
H E N A N C S H O S P U L D I B
R E W U C A C K P I T P L F T S
U I O E D I C A P T O A T A O E
S W D H G E V O S E C O B L R M
T M M O N U C R N I C A R L A I
R O T I D C N W E I O E T S C T
S R E L A A I S D C C N T I O E
N W N B I T T E H E H M A T H M
E T B O H O D N I O S I O L L O
D O S I I N H V O U T L D U L S
T N N B U T E E E S P E C I T Y
A L E O L S R L A N R E T N I H
Y R W E M E M O B E P E R S O N
R E D K K V B B P V A D A N E P
```

Every word listed is contained within the group of letters. Words can be found in a straight line horizontally, vertically, or diagonally. They may be read either forward or backward.

ANTERIOR CHOROID

ANTERIOR MENINGEAL

ARTERIA CENTRALIS RETINAE

ARTERIA RECEPTACULI

CEREBRAL (anterior and middle)

CILIARY (anterior, long, and short)

ETHMOIDAL (posterior and anterior)

FRONTAL

LACHRYMAL

MUSCULAR

NASAL

OPHTHALMIC

PALPEBRAL

POSTERIOR COMMUNICATING

SUPRA-ORBITAL

TYMPANIC

```
B C T H N R R U D C S L Y S M P R O R A
G I H I C U B S U P R A O R B I T A L R
N D L M U S C U L A R O O M P L D C B T
I Y F U H I T A N O L C N E A G L A C E
T I S T C N R F T A D I G R H C E N S R
A A G N N A O Y T Y E U B T Y Y M P I I
C L F A U L T N C P B E H P G O A E E A
I P R I T M O P I S P T F R P A M U O C
N A R L P R S A E L U I U G O A A N I E
U F N C F L D H A C G M N H N R G M A N
M L P T R E O P H P E D C R R C P Y L T
M I L A E G N I N E M R O I R E T N A R
O C A R O R I I G C M F A U H L G N F A
C D F C O H I L E R N B C I G G O C D L
R I F L C L C O A Y F B I F R I P N H I
O C P B E A I I R C P E N D A E H Y F S
I O N S R D D U L C H L T B P T T I G R
R A T S E I O C A I H R L U Y E H R C E
E S F C B O T E S H A O Y A L R A O A T
T I C T R M F H A H D R R M E D L Y L I
S B H G A H H U N M T Y Y O A D M R N N
O A P H L T C D U F M G U O I L I E D A
P F S H R E C I N A P M Y T F D C E S E
```

ARTERIES OF THE UPPER EXTREMITY

Every word in all capitals in the passage from "Gray's Anatomy" is contained within the group of letters. Words can be found in a straight line horizontally, vertically, or diagonally. They may read either forward or backward.

The ARTERY which SUPPLIES the UPPER EXTREMITY, CONTINUES as a single TRUNK from its COMMENCEMENT, as far as the ELBOW; but different PORTIONS of it have RECEIVED different NAMES, according to the REGION through which it PASSES. Thus, that part of the VESSEL which EXTENDS from its ORIGIN, as far as the outer BORDER of the first RIB, is TERMED the SUBCLAVIAN; beyond this POINT to the LOWER border of the AXILLA, it is termed the AXILLARY; and from the lower MARGIN of the axillary SPACE to the BEND of the elbow, it is termed BRACHIAL; here, the SINGLE trunk TERMINATES by DIVIDING into two BRANCHES, the RADIAL, and ULNAR, an ARRANGEMENT PRECISELY SIMILAR to what OCCURS in the lower LIMBS.

```
R B S S P A C O M M E N C E M E N T
L E U M G S E U N I T N O C A D S P
A N B R E D R O B P R A D I A L D Y
I Y C L S I N G L E O O E X T E N T
H R L I E T A T N I G R A M V A E I
C A A M T R R R E G I R T I R R T M
A L V B A U S E S S A P E I E R X E
R L I S N N U G I D U C B P O A E R
B I A K I P I L I R E P P R B N L T
G X N E M R I G N R H U P A L G S X
N A N M R E R O I A O E O L E E O E
I O O A E W E C N R R L C I I M P B
D E I N T O C V O T O B C M S E A E
I T P G C L E N S E V O U I E N S N
V R Y L E S I C E R P W R S M T M D
I A I Y S R V G H Y H S S P A C E Y
D X I E T E R M E D S E H C N A R B
A I L P P U S A L L I X A W U P P E
```

THE CIRCLE OF WILLIS

Unscramble each capitalized term in the passage from "Gray's Anatomy" found below to reveal the word that belongs there. Then find the words you unscrambled in the puzzle.

The BLEAKER ARM _____ anastomosis which SET SIX _____ between the branches of the ALERT INN _____ carotid, and BRAT REVEL _____ arteries at the base of the AN RIB _____, constitutes the circle of Willis. It is formed, in front, by the NEAR TRIO _____ cerebral and anterior ACCOUNT MIMING _____ arteries; on each side, by the trunk of the internal CAD RIOT _____, and the posterior communicating; behind, by the posterior CABLE ERR _____, and point of the BAR SAIL _____.

It is by this IOTAS MASONS _____ that the cerebral CALORIC UNIT _____ is equalized, and provision made for effectually carrying it on if one or more of the branches are OTTER BAILED _____.

```
K K X B R A I V E R T E B R A L
K C N V O B L I T E R A T E D C
T E E R A E N I X U E G I U A E
C N D R E T X K S B L N M R N T
I D D A E T I I A R B I O E A A
R G I R N B N G S A A T R O S C
C X N T A T R I V I K A A X T I
U A S B O N E N A N R C L R O N
L T A T C R A R E V A I I E M U
A A A R S E A S I K M N S M O M
T L S N E I R C T O E U A A S M
I U O G T T X E N O R M B R I O
O C R T V E I E B G M M S K S C
N R U L I L R L R R B O X A M C
L I S A B E K I B A A C V B I G
U C R B E T R E V O B L A A S V
```

BEND YOUR ELBOW

Every word in all capitals in the passage from "Gray's Anatomy" is contained within the group of letters. Words can be found in a straight line horizontally, vertically, or diagonally. They may read either forward or backward.

At the BEND of the ELBOW, the BRACHIAL artery SINKS deeply into a TRIANGULAR INTERVAL, the BASE of which is DIRECTED upwards towards the HUMERUS, and the SIDES of which are BOUNDED, EXTERNALLY, by the SUPINATOR LONGUS; INTERNALLY, by the PRONATOR RADII TERES; its FLOOR is FORMED by the BRACHIALIS ANTICUS, and supinator BREVIS.

```
W E S S U P I N A T O R D I G S
M H E E K V S N D S L H A E F E
Y P Y S R G B T R A I N W O T B
D L G V A E U H I F T N X E R D
E X L L K B T H U I O U K A V P
F S F A V D C U C M R R C S O E
Y K I M N A E U H X E H M W V R
L R N V R R S T O S I R R E R M
L D T B E P E T C A I O U V D I
A B E N S R K T L E O E N S O I
N O R F I S B I N L R N N W K D
R U V N D I S O F I M I G S L A
E N A B E N D K B I K V D X P R
T D L X S K R A L U G N A I R T
X E B V E L B O W D L O N G U S
E D O R O T A N O R P F V M M L
```

BRANCHES OF THE RADIAL ARTERY

Every word listed is contained within the group of letters. Words can be found in a straight line horizontally, vertically, or diagonally. They may be read either forward or backward.

ANTERIOR CARPAL

DORSALES POLLICIS

DORSALIS INDICIS

INTEROSSEI

METACARPAL

MUSCULAR

PERFORANTES

POSTERIOR CARPAL

PRINCEPS POLLICIS

RADIAL RECURRENT

RADIALIS INDICIS

SUPERFICIALIS VOLAE

```
S N S V N P E R F O R A N T E S
U D O R S A L I S I N D I C I S
P P E A R T L S R A L U C S U M
E R D N D N P I I D R A I R D I
R I L T O E O C S I A N D A I L
F N U E R R S I P N D S M C D A
I C C R S R T L R T I S L R N P
C E S I A U E L A E A I R O I R
I P U O L C R O C R L N N I S A
A S M R E E I P A O I T A R I C
L P I C S R O S T S S E R E L A
I O N A P L R E E S I R O T A T
S L I R O A C L M V N O F N S E
V L V P L I A A U E D S R A R M
O I N A L D R S R F I S E D O L
L C D L U A P R M M C E P M D M
A I C O D R A O M F I I M P M L
E S L T R M L D S L S T N M O V
```

IN THE PALM OF YOUR HAND

Every word in all capitals in the passage from "Gray's Anatomy" is contained within the group of letters. Words can be found in a straight line horizontally, vertically, or diagonally. They may read either forward or backward.

In the PALM of the HAND, the CONTINUATION of the ULNAR ARTERY is called the SUPERFICIAL PALMAR ARCH; it PASSES obliquely OUTWARDS to the INTERSPACE BETWEEN the BALL of the THUMB and the INDEX finger, where it ANASTOMOSES with the SUPERFICIALIS VOLAE, and a BRANCH from the RADIALIS INDICIS, thus COMPLETING the supercificial palmar arch.

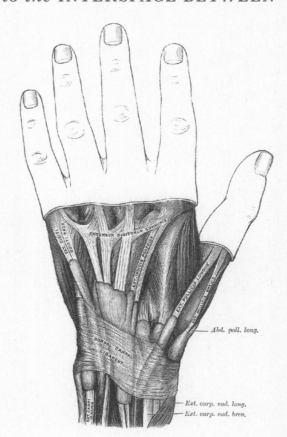

Abd. poll. long.

Ext. carp. rad. long.
Ext. carp. rad. brev.

```
I  C  B  S  I  L  A  I  C  I  F  R  E  P  U  S
U  P  O  W  T  A  N  A  S  T  O  M  O  S  E  S
A  S  I  M  B  H  N  E  E  W  T  E  B  V  A  H
G  B  D  Y  P  I  U  W  M  S  Y  L  B  P  A  S
P  P  W  R  N  L  W  M  E  N  B  W  E  N  C  U
G  F  A  D  A  H  E  S  B  M  N  E  D  O  A  P
P  H  E  L  P  W  S  T  I  N  C  P  N  L  R  E
H  X  B  O  M  A  T  I  I  A  V  T  S  G  T  R
C  D  L  P  P  R  N  U  P  N  I  X  S  A  E  F
N  F  C  G  A  D  H  S  O  N  G  C  I  E  R  I
A  O  I  N  I  L  R  C  U  W  R  Y  L  A  Y  C
R  D  L  C  V  E  M  A  R  W  B  B  A  L  L  I
B  U  I  D  T  R  T  A  C  A  A  O  I  O  P  A
V  S  X  N  W  I  U  U  R  P  R  B  D  V  Y  L
R  M  I  F  O  R  D  D  G  S  E  D  A  B  Y  I
E  S  T  N  Y  X  N  P  P  V  V  E  R  W  M  W
```

BRANCHES OF THE ABDOMINAL AORTA

Every word listed is contained within the group of letters. Words can be found in a straight line horizontally, vertically, or diagonally. They may be read either forward or backward.

COELIAC AXIS

GASTRIC

HEPATIC

INFERIOR MESENTERIC

LUMBAR

PHRENIC

RENAL

SACRA MEDIA

SPERMATIC

SPLENIC

SUPERIOR MESENTERIC

SUPRA-RENAL

```
E Z H Z R R D P W D L E I I T C
F X D W T Y E P H W I C Q N T I
Y C Z L L G R N Y B J K Y F U R
V L O P E A A Q A S B L P E U E
G U N E J B C S P L P Q P R S T
B M R J L I T E T X N F X I G N
D B F G N I R Q K R A M M O X E
R A Q E V M A I Q F I F P R J S
W R L G A A O C L O L C V M G E
D P G T R I T P A A T C X E D M
S O I C P D C I N X B Q R S X R
Y C W S E E D E V J I C E E H O
A Z T X E M R B U K V S O N E I
O K L H V A W F P B E F V T P R
W L C A R R D D N G R T G E A E
L Q R P T C O E B M W F Q R T P
F D U D A A X X I V F V K I I U
K S R Y X S J P H R E N I C C S
```

THE SUPERIOR MESENTERIC ARTERY

Every word in all capitals in the passage from "Gray's Anatomy" is contained within the group of letters. Words can be found in a straight line horizontally, vertically, or diagonally. They may read either forward or backward.

The SUPERIOR MESENTERIC ARTERY supplies the WHOLE length of the SMALL INTESTINE, except the FIRST part of the DUODENUM; it also SUPPLIES the CAECUM, ASCENDING and TRANSVERSE COLON; it is a vessel of LARGE size, arising from the FORE part of the AORTA, about a QUARTER of an INCH below the COELIAC AXIS; being COVERED, at its ORIGIN, by the SPLENIC VEIN and PANCREAS.

```
Q  A  H  M  E  S  E  N  T  E  R  I  C  T  W  S
G  T  G  A  X  I  S  T  L  C  N  D  V  T  A  Q
E  M  U  N  E  D  O  U  D  S  U  V  R  E  U  M
M  N  O  L  O  C  T  M  F  X  W  A  R  A  O  F
L  M  S  X  G  E  W  O  E  H  N  C  R  A  C  H
M  U  C  E  A  C  R  H  O  S  N  T  R  S  S  C
A  U  G  C  N  E  S  L  V  A  E  U  R  C  M  N
R  I  F  W  A  O  E  E  P  R  T  U  O  E  A  I
T  I  N  U  I  I  R  N  I  L  R  V  I  N  L  S
E  S  D  T  T  S  L  L  D  L  S  P  R  D  L  P
R  E  A  O  E  S  O  E  F  Y  P  H  E  I  I  L
Y  G  T  X  O  S  R  C  O  S  R  P  P  N  N  E
C  R  R  T  Q  E  T  I  R  C  N  I  U  G  Y  N
Y  A  O  X  V  Y  G  I  F  F  S  I  S  S  M  I
Q  L  A  O  C  W  A  R  N  X  W  R  E  T  S  C
E  D  C  O  R  I  G  I  N  E  I  V  Q  V  S  I
```

THE POPLITEAL SPACE

Every word in all capitals in the passage from "Gray's Anatomy" is contained within the group of letters. Words can be found in a straight line horizontally, vertically, or diagonally. They may read either forward or backward.

The POPLITEAL SPACE, or the HAM, occupies the LOWER THIRD of the THIGH and the UPPER FIFTH of the LEG; EXTENDING from its APERTURE in the ADDUCTOR MAGNUS, to the lower BORDER of the popliteus MUSCLE. It is a LOZENGE-shaped space, being WIDEST at the BACK part of the KNEE-JOINT, and DEEPEST above the ARTICULAR end of the FEMUR.

```
O Z S L M U K D F B S H H B K A
R S U N G A M N L G T A A O P R
R L E G N T E O E F M I F R E T
U A T B H R Z O I E U I F D B I
M I P I L E O F W C J X F E B C
E K R J N T K C A B M O L R R U
F D R G S O E A G S L U I U X L
R K E E Z F P N N T P R S N B A
O O D E N H I D N L M A E C T R
Z I T I R D L M W O I A C P L X
W L I C N E R U T R E P A E P E
J O K E U P O P L I T E A L L U
D L T K C D O R T H I G H Z O E
W X U X R Z D U D D H K G E W C
E W D B U G J A D E E L B N E S
U D T A J D E E P E S T E U R X
```

THE PULMONARY ARTERY

**Fill in the blanks to complete the passage from "Gray's Anatomy."
Then find the words you used in the grid.**

The pulmonary _____ conveys the _____ blood from the _____ side of the heart to the _____. It is a short wide vessel, about _____ inches in length, arising from the _____ side of the base of the right ventricle, in _____ of the ascending _____. It ascends obliquely upwards, backwards, and to the left _____, as far as the under surface of the _____ of the aorta, where it divides into two _____ of nearly equal size, the right and left _____ artery.

```
S P H H V T W A R C H S T O
T E D W E H V T F E L I T W
O T O A N G C I A O C D D B
A H W I O I M C T G M E R G
U P W O U R S S V M L A G M
W G L M S T C V Y Y N T I B
W H I C N C D E C C R S L W
N V P O I W P H H A A S A R
D A R E A R T E R Y O Y H Y
S F N E G W S M P D H R R V
B G G S W M T M E Y H B T E
C U N D Y R A N O M L U P A
C R W U O R R H T F A R S H
F T A B L A C G I U R U O Y
```

UNSCRAMBLE THE VEINS

Unscramble each capitalized term in the passage from "Gray's Anatomy" found below to reveal the word that belongs there. Then find the words you unscrambled in the puzzle.

The VINES _____ are the vessels which serve to NUT ERR _____ the blood from the AERIAL CLIPS _____ of the FENDER FIT _____ parts of the body to the HATER _____. They consist of two DISC TINT _____ sets of vessels, the NORMAL YUP _____ and CITY MESS _____. The Pulmonary Veins, unlike THROE _____ vessels of this kind, contain RARE TAIL _____ blood, which they return from the lungs to the left ARC LIEU _____ of the heart.

```
C  R  M  F  R  O  O  L  L  E  M  N  A  U
E  R  E  T  U  R  N  V  R  O  T  U  C  M
A  L  C  I  M  E  T  S  Y  S  R  Y  A  R
D  D  A  I  T  L  H  R  V  I  T  N  P  F
O  I  M  I  Y  S  E  H  C  Y  N  Y  I  Y
I  T  F  D  R  H  P  L  E  F  A  Y  L  Y
Y  C  M  F  T  E  E  U  A  A  R  M  L  T
T  N  R  O  E  S  T  I  P  A  R  M  A  M
U  I  M  M  C  R  F  R  N  S  Y  T  R  R
C  T  S  O  O  C  E  O  A  Y  N  U  I  V
V  S  P  N  L  F  M  N  E  U  S  R  E  A
I  I  O  O  I  L  A  O  T  H  F  H  S  R
L  D  H  I  U  E  E  E  D  R  C  M  O  O
V  S  V  P  M  S  V  D  U  V  V  T  U  V
```

THE PORTAL VEIN

Every word in all capitals in the passage from "Gray's Anatomy" is contained within the group of letters. Words can be found in a straight line horizontally, vertically, or diagonally. They may read either forward or backward.

The PORTAL VEIN, an APPENDAGE to the SYSTEMIC venous SYSTEM, is CONFINED to the ABDOMINAL CAVITY, returning the VENOUS blood from the VISCERA of DIGESTION, and carrying it to the LIVER by a single TRUNK of LARGE size, the VENA PORTAE.

```
C C R E M D D L A T R O P I G K
A D R M E C M R E E F G I D K Y
N M C R S A C O N L E G S N B D
E M V L G M T C F F C U K B C C
V C M F M D G R M C O A N O O S
C I M E T S Y S O N K I V N S N
S I D T R U N K E P V S F I I D
Y L L S F P P V P G P I N E T G
S R A V I S C E R A N O V G E Y
T S G N G E N S R E I K D A I N
E Y L E I A C B D T O T N D N V
M L K R B M S D S M L D A N F C
A K I I I D O E S V A P C E I T
O C A V R N G D U Y R T M P L P
E F Y D E I K E B T G M C P G B
S G P M D R E A T A E P P A Y I
```

ARTERIES OR VEINS?

Answer each question. Then find each word in capital letters within the grid. Words can be found in a straight line horizontally, vertically, or diagonally. They may be read either forward or backward.

1. According to "Gray's Anatomy," these VESSELS are more NUMEROUS.

_____ *Arteries*

_____ *Veins*

2. According to "Gray's Anatomy," these vessels are found in NEARLY EVERY TISSUE of the body.

_____ *Arteries*

_____ *Veins*

_____ *Both*

3. According to "Gray's Anatomy," this SYSTEM has a greater CAPACITY.

_____ *Arterial*

_____ *Venous*

4. These vessels are more PERFECTLY CYLINDRICAL.

_____ Arteries

_____ Veins

_____ Neither

```
V P P L A M S F D N V S Y C
C U F S A R D C N I U P F A
Y C A P A C I T Y I V D I S
L C V A A P I P T O F S T F
R E V E R Y S R S R P S Y C
A E P U V Y O Y D M Y F C D
E S U R E T A N S N Y Y U U
N E O S T U C V T I E P V
I D D D S M R A O F E L U V
P Y Y I E I A S Y I O M Y D
V N P R L Y T E O Y I A U C
R P O T S P U S S E T L S P
O U U A U T S T F A Y T P E
S F U P Y L T C E F R E P A
```

NAMES OF VEINS

Every word listed is contained within the group of letters. Words can be found in a straight line horizontally, vertically, or diagonally. They may be read either forward or backward.

ANTERIOR JUGULAR	INTERNAL JUGULAR
BASILIC	INTERNAL MAXILLARY
CEPHALIC	LINGUAL
CEREBELLAR	MEDIAN
CEREBRAL	OCCIPITAL
CHOROID	POPLITEAL
DORSI-SPINAL	POSTERIOR AURICULAR
EXTERNAL JUGULAR	RADIAL
FACIAL	SAPHENOUS
FEMORAL	TEMPORAL
FRONTAL	TEMPORO-MAXILLARY
ILIAC	VERTEBRAL

```
D I O R O H C B S E R F M F L C Y I
J M Y R V D L B U N A E E A A E M N
C G R N E L S G O C L M D R U P U T
A G A D R H E C N Y U O I N G H O E
I P L T T P G R E A C R A I N A J R
L D L E E O A R H E I A N A I L H N
I O I M B C N A P H R L V N L I V A
H R X P R C T L A F U C T G C C U L
R S A O A I E U S X A E G T V E S M
A I M R L P R G E F R C G U R M J A
L S O A L I I U F N O S I I O H O X
L P R L E T O J A Y I E G A U A L I
E I O N G A R L C N R R O X L A I L
B N P M T L J A I S E Y T F E H R L
E A M M C U U N L D T N B T I A T A
R L E V G N R I M S J I T D E O R
E S T U R U U E S H O L A I D A R Y
C L L X J G L T A V P N B V Y C T R
P A A O A V A X B O L A T N O R F R
R H Y C V H R E P C E R E B R A L X
```

THE VENA CAVA

Every word in all capitals in the passage from "Gray's Anatomy" is contained within the group of letters. Words can be found in a straight line horizontally, vertically, or diagonally. They may read either forward or backward.

THE SUPERIOR VENA CAVA receives the BLOOD which is CONVEYED to the HEART from the WHOLE of the UPPER HALF of the BODY. It is a SHORT TRUNK, VARYING from two inches and a half to THREE INCHES in length, formed by the JUNCTION of the two VENAE INNOMINATAE.

```
I O Y T R O I R E P U S H W O C
W H Y K L L M S U T R A E H U S
H W I S N L G M H R R L C A O E
B D M E W F M P C O L U Y A L G
U U R A A B L O L O R I U O A L
O D H Y L T N C E F H T H M C P
Y T V O U V A E H N A W R D G P
N R O R E K R N J U N C T I O N
V D V Y I H E K I I L B O D Y O
A B E L T M T W G M N A C N H E
R D W A W L A G I A O C O P B H
Y R Y T N K D W V H N N H W K I
I E I R I E R R A A H E N E P A
N P L U R K V L A V C J V I S M
G P Y N M E F G M A L T B L M L
N U E K O Y U S I C H V R P N L
```

THE LYMPHATICS (1)

Every word in all capitals in the passage from "Gray's Anatomy" is contained within the group of letters. Words can be found in a straight line horizontally, vertically, or diagonally. They may read either forward or backward.

The LYMPHATICS have DERIVED their NAME from the APPEARANCE of the FLUID contained in their INTERIOR (LYMPHA, WATER). They are ALSO called ABSORBENTS, from the PROPERTY they POSSESS of ABSORBING certain MATERIALS for the REPLENISHING of the BLOOD, and CONVEYING them into the CIRCULATION.

```
R D E N F T M A T E R I A L S I
T O S L A V S C I T A H P M Y L
L G S B E M S R D L P M B A R M
A N O F E L S E Y H I B P O S A
P I P A A P R M M B L P I S M A
P H E I O I P G L O E R E H B P
E S R R V H V O O A E S C S D D
A I P E T G O G R T S U O C E P
R N D R T D N A N O F R W N R R
A E I A I A N I P I B L P V I O
N L C M N A W T B E Y M U N V P
C P I D T H R F N R Y E R I F E
E E G M E P T T L L O E V L D R
D R V F R M S H P U B S T N U T
P O W S I Y N A M E I Y B A O Y
C I R C U L A T I O N B D A W C
```

THE LYMPHATICS (2)

Every word in all capitals in the passage from "Gray's Anatomy" is contained within the group of letters. Words can be found in a straight line horizontally, vertically, or diagonally. They may read either forward or backward.

The LYMPHATICS are EXCEEDINGLY DELICATE vessels, the COATS of which are so TRANSPARENT, that the FLUID they CONTAIN is READILY seen through them. They RETAIN a nearly UNIFORM size, being INTERRUPTED at INTERVALS by CONSTRICTIONS, which GIVE to them a KNOTTED or BEADED APPEARANCE.

```
D O E B S U M M R O F I N U Y I
A E U T N G I T S P V I S M L B
D X T O U D A K F A T N L B G M
C E C P H B N R P Y O M I B N R
N O L R U O M P C I L B T T I X
F I A I T R E F T I A D G R D O
C I A T C A R C E O F Y S U E R
B O E T R A I E R F L E E M E I
E D A A N R T B T I S D V B C N
A I N T T O V E D N K S I X X T
D C O S S F C A M H I G G R E E
E G N S I D E R E T A I N C K R
D O E O I R Y G D L S I A T A V
C H L U N L Y M P H A T I C S A
S X L M T N E R A P S N A R T L
M F I V M K E R G K M B U D S S
```

SYSTEM SCRAMBLE

Unscramble each anagram to reveal a medical term from "Gray's Anatomy." Words can be found in a straight line horizontally, vertically, or diagonally. They may be read either forward or backward.

ALL MEAL

ANGEL HASP

ANISE POROUS

ARID US

AZURE PITS

CALL VICE

DICIEST SON

DIMLY GOING

DON TEN

EACH RAT

GALA TRICE

GALE MINT

I SPY SHEEP

IS CACTI

MANGE FARM NOUN

MANY OAT

ALTAR PIE

PILES POUT

SNIPE

SOIREE SNOUTS

TEAL LAP

TENUOUS SCUBA

UH SERUM

```
P  N  I  C  E  S  F  E  P  T  D  O  M  Z  T  E
A  Z  O  L  V  E  C  P  V  I  A  U  D  O  R  P
R  O  O  I  N  L  A  I  O  R  N  D  S  I  A  I
I  U  U  I  T  T  A  M  A  G  N  E  U  L  P  P
E  S  P  A  E  C  Y  M  A  T  G  A  O  I  E  H
T  S  U  L  P  L  E  M  E  N  I  P  E  G  Z  Y
A  B  L  O  G  O  N  S  A  L  O  C  S  A  I  S
L  A  E  N  E  E  N  L  S  P  L  A  S  M  U  I
L  L  I  L  M  N  A  E  L  I  E  A  O  E  S  S
N  G  T  A  C  H  A  I  U  H  D  P  R  N  H  S
Z  M  R  E  P  I  T  T  C  R  N  P  E  T  U  U
T  O  M  U  N  E  V  A  U  H  O  D  T  G  M  I
F  T  F  V  U  D  R  A  F  C  O  S  N  P  E  D
U  T  T  S  L  T  O  L  L  Z  B  T  I  M  R  A
D  A  Y  M  O  T  A  N  A  C  A  U  Z  S  U  R
C  A  R  T  I  L  A  G  E  S  T  G  S  S  S  D
```

ANSWERS

HENRY GRAY (WRITER) (pages 4-5)

```
U Z U Q J O I B F F V V S M J A
Z A E L D L E E B X B E M Z R T
J E X V I A K N P H K S A Y C A
O B A Q S T V J A T J Q L T S E
Z H O R S I E A V H T T L E A U
B J A L E P O M P T X B P I Z I
A X U G C S T I I F J C O C M U
D P S I T O B N M S R E X O K W
E U U Y I H C C M P E O J S X X
M X V L O S S O W C R A Z L C A
O Y F R N E U L E R U E O A J X
N Z J X S G R L S O T X S Y F T
S B L Q S R G I G T C K Z O E S
T B C G P O E N N A E X F R Y I
R O R Z L E O S A R L V L L R M
A X A F E G N B B U X Z S E N O
T H Y A E T M R E C T P L W E T
O O I A N S B O T Y E V M B H A
R G G P R C Q D S Q F W Y P Q N
R A K X R G A I V A R G L E B A
Z W E F Q B E E B F H N R S G V
```

HENRY VANDYKE CARTER (ILLUSTRATOR) (pages 6-7)

```
A W P Z G U U K E L O F D D N N
S T F U R W M S P I R I L L U M
U T Y E A N E W O D R A H C I R
R E S L N R E Y W A S N H O J G
G K O L T K R H T L X G T E X J
E C R E M R N V E Y O Q S R H R
O E P N E O E L I Z A S I I L O
N U E R D H Y L V E C K M H B Y
A Q L G I R A D G A H T O S P A
T N Y C C B N R R Q U I T K H L
P H F E A Q U B R B G I A R Z C
F O E T L L O I E I A N N O K O
I J G M C R B R H I E I A Y T L
Y A B M O B C P L W T T D F C L
M J Q U L U A E F J B S S S D E
E E G J L L M Z M B B M H T H G
Q H V O E A H G P K P G A T B E
O Y S W G N Y A I L M R H U R F
W I Q C E C H G L G I G E G O A
S J B Q R E J U G S R T L V F J
W W Q M L T H M T M I S N O B M
```

OSTEOLOGY (pages 8-9)

```
A R G D K R O W E M A R F M
X E E D E S K E L E T O N W
T T C T E N I O C Y S L O C
N E N O F D S H D D E A I A
E Y R A N O I E I O N T T V
M L V U T S S V L B O I C I
H P A B T R T L O U B V E T
C V R I L X O R S R N P T I
A A I P T F E P U A P R O E
T B O C I N V T M C B O R S
T H U R F Z E U B I T V P B
A Z S J Y Z H S X G L I Y H
J T P L A C E N S S R D O C
M S U P P O R T H E Q E X N
```

QUICK QUIZ ON BONES (pages 10-11)

```
        D P
      T E E D
      R Y T R A Q
    O S W A I M N P
    H U T S L O R A A I
  S V L E L L S A I U R W
T E C F K A E T L S B M T X
P C X C C N C E U R T A L F
M A J I A N U G E X O H
A P R C A M E V J W
R M X C L R A I
  R O J O R H
  O C N I
    W G
```

1. Long, short, flat, irregular; 2. Compact, cancelled; 3. Rickets; 4. Haversian canals; 5. Periosteum; 6. Marrow

THE SPINE (pages 12-13)

Leftover letters spell: "The vertebrae are thirty-three in number, exclusive of those which form the skull."

THE SKULL (pages 16-17)

GENERAL CHARACTERISTICS OF A VERTEBRA (pages 14-15)

LET'S FACE IT (pages 18-19)

ANSWERS

OS HYOIDES (pages 20-21)

```
N Z N U C A W M Q X T W A C R
R V J L S A T Q H Y O I D K F
S G S T I B L T A L T R Z V Z
E N D U R N A L A E U G N O T
L I T S R E G A E C I O X S G
C T C E E G S U R D H K B N R
S R O G S E P S A C I M I D P
U O R M E U O K E L H T E N L
M P N E M Q G H H L S L O N R
K P U N B C P I S I T L C K T
Z U A T L T E N S E I K E M N
Q S B S A Y J N K S S E X F M
C X Y I N P O B P O R R P H I
A S E O C C S U V G X E O A V
S Q B L E H D E M A N X N H S
```

A SWORD IN YOUR CHEST (pages 24-25)

```
E N S I F O R M X W A H T T M Z
G I E M R C T N O R F B G N S K
U I D R O C H C H E S T Y E G B
R S A E I E P I E C E Z P I V V
L H L P R C L Z E V M D P C Y K
J A B P E S O D M F I E O N K A
K E Q U F R T U D O C Z R A C I
N G V X N A I E H I H W T N O D
T F L D I R D P R A M S I A N E
J E C A B D I U N N I C O R S M
I J R U D X N D L T U F N R I P
N J N M Z I L E U T T M S O S O
A A L M E E O A P M Q F E W T I
M L T T D D T L G P V O H J I N
S W O R D E F U U E A R S V L
T S F Y D N P J C S T M S C G L
```

THE THORAX (pages 22-23)

```
G D O M I S G C Z F L A R G E S T O
C I R C U L A T I O N Q E S K I S W
N I N V W E C K T L A X L N I S T T
M X S P I N E T A C N T L E E D A D
A D K S R T S E H C E A L O Z B E E
C Y N E I J I I G E P T C A G V J M
K K I I B G X E B I W A O C S E A R
R G A T S F O V C W R R C R H R V O
Z S T I B U X N W T V E O Y P S O F
U P N V A F I Z I Y H S S U V Q T D
T W O A A R K L E A Z P T N U P A P
A H C C P U A M V S B I A A F Q I Y
Q H P O G G U G E F V R U L E D T V
W H U A I N D I N E T A X O R E E J
S W U N R O D L G I M T K J N A K V
O U O E T O F A P C T I N A G E A J
D U T E B G C O V N C O B P W Y U E
S S M R L T H O R A X N V W W R M W
```

RIBS (pages 26-27)

```
E L A T S O C R E T N I
F T W E L V E X S G T Z
L Y E Z M O D O Z U T Y
O G U V Y U C P B D L A
A J R T P I N E N P R R
T M T F T E R R E V P C
I N E S A O C N E H V H
N T A K S L I U D T O E
G L P I G P S U L H S S
E T T V S R L E P I U R
O Y P V L M F Y U T A J
T H O R A C I C T R T R
```

ANSWERS

BONES OF THE UPPER EXTREMITIES (pages 28-29)

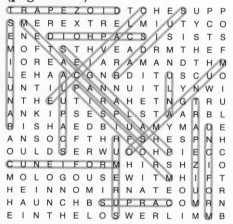

Leftover letters spell: "The upper extremity consists of the arm, the fore-arm, and the hand. Its continuity with the trunk is established by means of the shoulder, which is homologous with the innominate or haunch bone in the lower limb."

OF THE EXTREMITIES (pages 30-31)

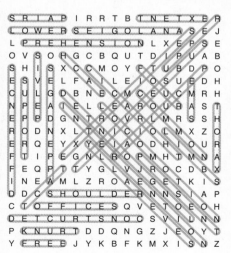

THE NAMELESS BONE (pages 32-33)

BONES OF THE LOWER EXTREMITIES (pages 34-35)

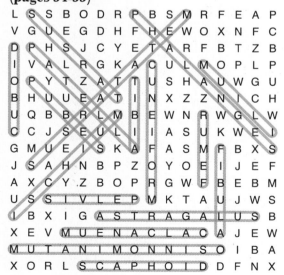

ANSWERS

FEMORAL FIND (pages 36-37)

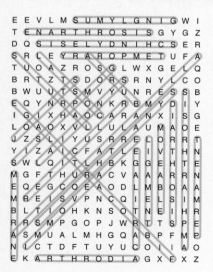

1. True; 2. False. The tibia is named for its resemblance to a Latin pipe called a tibia. 3. True; 4. False. The radius is named for that purported resemblance. 5. True

THE ARTICULATIONS (pages 38-39)

MOVEMENT IN JOINTS (pages 40-41)

Angular; circumduction; gliding; rotation; abduction; adduction; extension; flexion

ARTICULATIONS OF THE VERTEBRAL COLUMN (pages 42-43)

ANSWERS

TEMPORO-MAXILLARY ARTICULATION (pages 44-45)

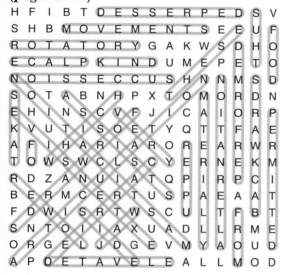

LIST OF LIGAMENTS (2) (pages 48-49)

LIST OF LIGAMENTS (1) (pages 46-47)

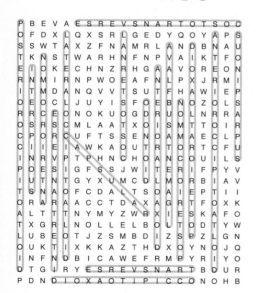

LIST OF LIGAMENTS (3) (pages 50-51)

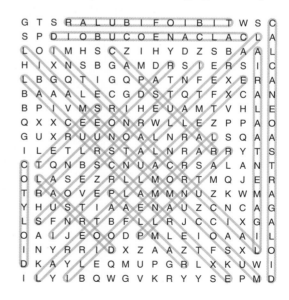

ANSWERS

THE MUSCLES (pages 52-53)

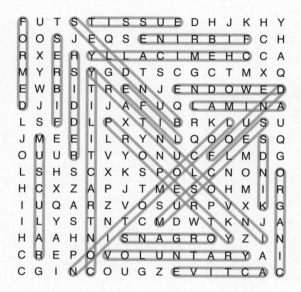

UNSTRIPED MUSCLES (pages 56-57)

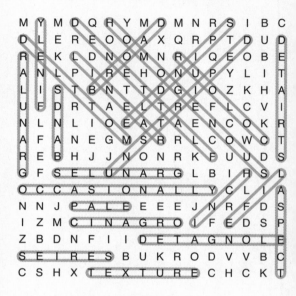

STRIPED MUSCLES (pages 54-55)

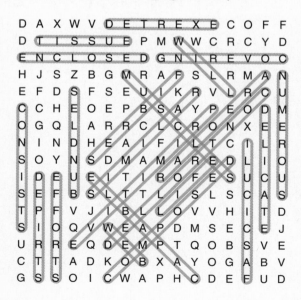

TENDONS (pages 58-59)

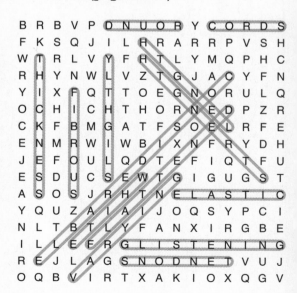

ANSWERS

FASCIAE (pages 60-61)

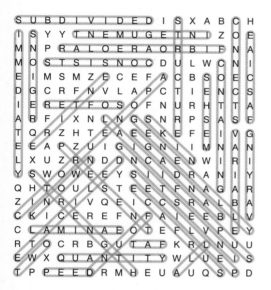

MUSCLES OF THE HEAD AND FACE (pages 62-63)

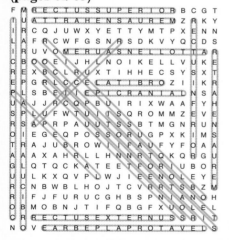

The four regions are: Epicranial; Auricular; Palpebral; Orbital

MORE MUSCLES OF THE HEAD AND FACE (pages 64-65)

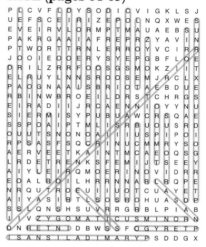

The six additional regions are: Nasal; Superior Maxillary; Inferior Maxillary; Inter-Maxillary; Temporo-Maxillary; and Ptergyo-Maxillary. The levator labii superioris alaeque nasi muscle is also known as the Elvis muscle.

BLINK (pages 66-67)

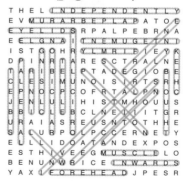

Leftover letters spell: "The Levator palpebrae is the direct antagonist of this muscle; it raises the upper eyelid, and exposes the globe."

ANSWERS

MUSCLES OF THE NECK (1) (pages 68-69)

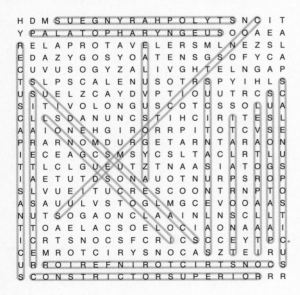

MUSCLES OF THE BACK (1) (pages 72-73)

Leftover letters: "Musculus accessorius ad sacro-lumbalem"

MUSCLES OF THE NECK (2) (pages 70-71)

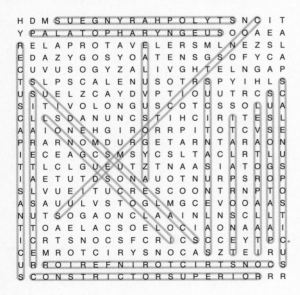

MUSCLES OF THE BACK (2) (pages 74-75)

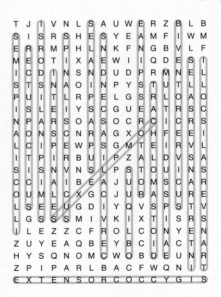

ANSWERS

BREATHE (pages 76-77)

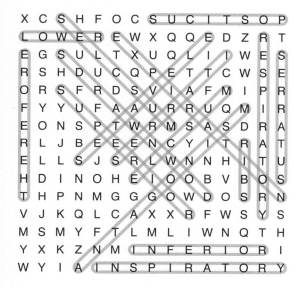

MUSCLES OF THE THORAX (pages 80-81)

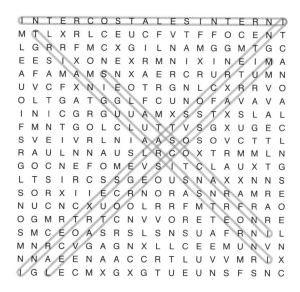

MUSCLES OF THE ABDOMEN (pages 78-79)

Obliquus Externus; Obliquus Internus; Pyramidalis; Quadratus Lumborum; Rectus Abdominus; Transversalis

THE DIAPHRAGM (pages 82-83)

Leftover letter spell: "In all expulsive efforts, the Diaphragm is called into action, to give additional power to each expulsive effort. Thus, before sneezing, coughing, laughing, and crying... a deep inspiration takes place."

ANSWERS

MUSCLES OF THE UPPER EXTREMITIES (pages 84-85)

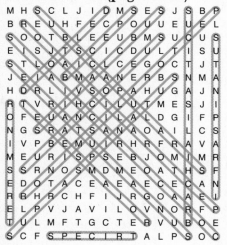

Triceps

MUSCLES OF THE FOREARM (pages 86-87)

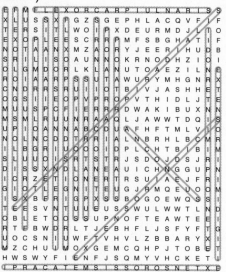

MUSCLES OF THE HAND (pages 88-89)

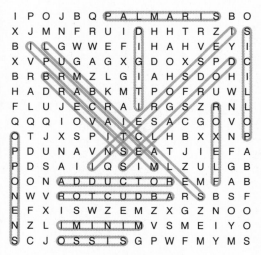

1, 2, and 4 are real hand muscles.

THE PECTORALIS MAJOR (pages 90-91)

ANSWERS

THUMBS UP (pages 92-93)

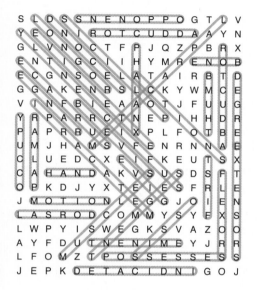

FRACTURES (pages 94-95)

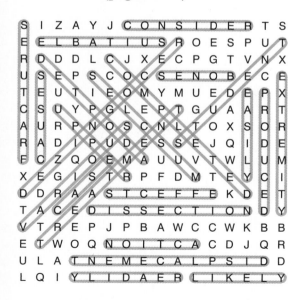

MUSCLES OF THE ILIAC REGION (pages 96-97)

```
U A O S P S O A S M C A I L I A
U A O S P P V O A S P S L S T H
E P S O A S A N D I L I P A C S
U S M U S C L E S A C T S I U N
G F R O M A B O V E F L O C E X
T H E P T H I G H U P O A N T H
E P E L S V I S A N D I S A T T
H E S A M O E T I M L E M R O T
A T E T H E A F E I M U A R O U
T W A R D S F S R O M T G H E O
B L I Q U I T Y P O F T N H E I
R I N S E R T I O A N I U N T O
T H E I N N E R A N R D S B A C
K P A R T O F T H A T V B O N E
M R A M S A U S P C S S U P O V
R A P S A O S P P P S O C S I G
```

1. Psoas magnus; 2. Psoas parvus; 3. Iliacus. Leftover letters beginning at the end of row two spell: The Psoas and Iliacus muscles, acting from above, flex the thigh upon the pelvis, and, at the same time, rotate the femur outwards, from the obliquity of their insertion into the inner and back part of that bone.

THIGH AND HIP MUSCLES (pages 98-99)

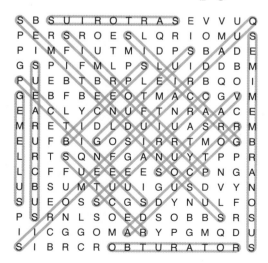

ANSWERS

LEG MUSCLES (pages 100-101)

```
P G N L O B L T A L O I G T O P
S R L O P P M C D L P M M I F E
U I O G U U A B G A A S M B B R
C E N P A G R C M G O T N I S O
I B G S R S F S U R U R P A G N
T O U U A I T R U L F B E L C E
N A S G O C U R P E T P M I E U
A C D N S N C S O O L B M S N S
S S I O S I I P P C U O G P E T
I N G L U B R L L O N F S O T E
L D I R E B D A I U L E C S F R
A L T O N C E G T D R L M T L T
I C O X O I T R E N I N I I F I
B U R E R X L U U C A G N C U U
I X U L E S F S S B R L G U I S
T O M F P I U X R D F D P S G S
```

THE ACHILLES TENDON (pages 104-105)

```
A A D T M T D S A A G G S D J W
P G B E L I H G U E C O M S M E
O N O N M L D I L E L H U R M N
E D Y T I M O I L K M O W L C F
U E G E Y S E F X E E X S J L A
R C X N D G D S N C L T A V C F
O E E D N O E C O H H N N H L N
S R L O B V O M T I E E I E E R
E P R N I R M G C T A L S A B O
S T W E T E N K E R L H R L W I
S R C S N E E T L I Y M E T V R
E E A C L S J Y S C O M M O N E
R G E P T S T R O N G E S T E T
E S O F L E S N O I T C N U J N
N C O D N E T P L O W E R P T A
```

THE LONGEST MUSCLE (pages 102-103)

```
I A H A L F S P A S S E S S S K
R Y H G I H T E F D W H R T N H
S D B G E E N K T D C W D M O P
U W O R R A N A A A P R W D T A
O D L I M B Y S P I N O U S C S
N E K I L D N A B I R I B S H S
I Y V D G H C D Y N V R M O K I
D N N P R O C E L S I E T R H N
N N C U N R A S L A N T R C E G
E E M D L G R C A R F N A A I T
T E Y R O Y I E C T T A P L E H
F L V R N R S N I O O E I N F C
E W R E G E E D T R Y U N G A U
O P L N E P S S R I M B T D W B
I O K N S P P B E U B P K E O K
B U L I T U T U V S U U N N R N
```

PLAYING FOOTSIE (pages 106-107)

```
R L V T O E P L A N T A R B C R
E S W S S T I N F Y D X I Q W A
G S E O Q J H I X E E E N L F L
I Z H L U S N R T U L M T I Z I
O T S C C G C C E D W M E T T M
N C T L E S E I D E S W R T Y I
V O O R L N U I U T E P V L W S
C L F R N A M M E W L N E E X R
F A F O R Y N N T M A N N E R M
S N C U S E D R T A Y G I A E B
P R T T L O S T E V E T N R U M
U E B J N M T P J T R R G O A U
O T F S T O O F O B X B G R H H
R N N E J P U O H N F E Q A U T
G I R E M R O F G E D B N R E Z
B A U V D E D I V I D D J J O D
```

ANSWERS

FIXING FRACTURES (pages 108-109)

ARTERIAL ANAGRAMS (pages 110-111)

Arteries; cylindrical; serve; blood; ventricles; heart; named; entertained; ancients; Galen; refuting; opinion; empty; contained

COMPLETE THE CIRCUATORY SYSTEM (pages 112-113)

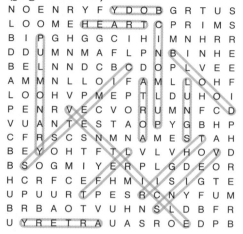

Pulmonary; right; heart; blood; lungs; veins; left; pulmonic; artery; ventricle, aorta; body; systemic

CAPILLARY QUIZ (pages 114-115)

1. True; 2. True; 3. True; 4. False

ANSWERS

THE AORTA (pages 116-117)

THE CORONARY ARTERIES (pages 120-121)

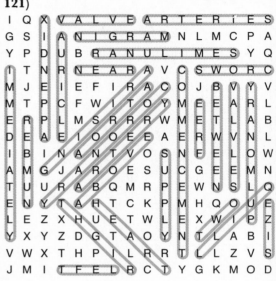

AROUND THE AORTA (pages 118-119)

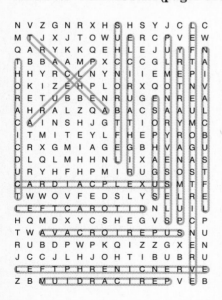

AROUND THE INNOMINATE ARTERY (pages 122-123)

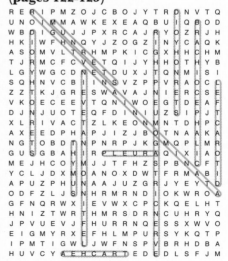

Brachiocephalic

ANSWERS

COMMON CAROTID ARTERIES (pages 124-125)

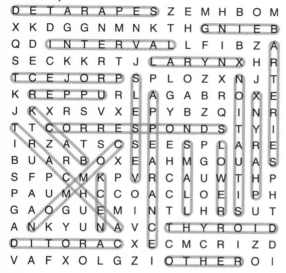

THE FACIAL ARTERY (pages 126-127)

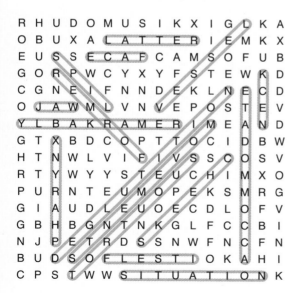

BRANCHES OF THE EXTERNAL CAROTID ARTERY (pages 128-129)

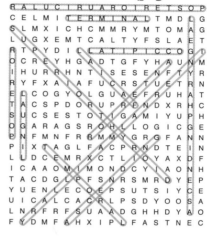

1. Anterior; Superior thyroid; Lingual; Facial.
2. Posterior; Occipital; Posterior auricular. 3. Ascending; Ascending pharyngeal. 4. Terminal; Temporal; Internal maxillary

ASSORTED ARTERIAL BRANCHES (pages 130-131)

ANSWERS

INTERNAL CAROTID ARTERY
(pages 132-133)

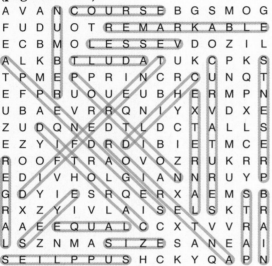

BRANCHING FROM THE INTERNAL CAROTID (pages 136-137)

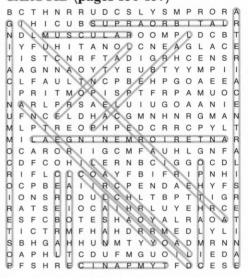

BE CAREFUL OF PARASOLS
(pages 134-135)

Leftover letters spell: "In such cases a ligature should be applied to the common carotid. Its relation with the tonsil should be especially remembered."

ARTERIES OF THE UPPER EXTREMITY
(pages 138-139)

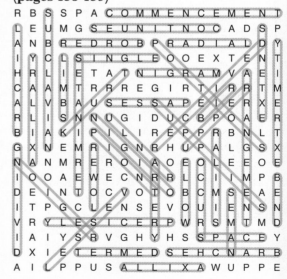

ANSWERS

THE CIRCLE OF WILLIS (pages 140-141)

```
K K X B R A I V E R T E B R A L
K C N V O B L I T E R A T E D C
T E E R A E N I X U E G I U A E
C N D R E T X K S B L N M R N T
I D D A E T I I A R B I O E A A
R G I R N B N G S A A T R O S C
C X N T A T R I V I K A A X T I
U A S B O N E N A N R C L R O N
L T A T C R A R E V A I I E M U
A A A R S E A S I K M N S M O M
T L S N E I R C T O E U A A S M
I U O G T T X E N O R M B R I O
O C R T V E I E B G M M S K S C
N R U L I L R L R R B O X A M C
L I S A B E K I B A A C V B I G
U C R B E T R E V O B L A A S V
```

Remarkable; exists; internal; vertebral; brain;
anterior; communicating; carotid; cerebral; basilar;
anastomosis; circulation; obliterated

BRANCHES OF THE RADIAL ARTERY (pages 144-145)

```
S N S V N P E R F O R A N T E S
U D O R S A L I S I N D I C I S
P P E A R T L S R A L U C S U M
E R D N D N P I I D R A I R D I
R I L T O E O C S I A N D A I L
F N U E R R S I P N D S M C D A
I C C R S R T L R T I S L R N P
C E S I A U E L A E A I R O I R
I P U O L C R O C R L N N I S A
A S M R E E I P A O I T A R I C
L P I C S R O S T S S E R E L A
I O N A P L R E E S I R O T A T
S L I R O A C L M V N O F N S E
V L V P L I A A U E D S R A R M
O I N A L D R S R F I S E D O L
L C D L U A P R M M C E P M D M
A I C O D R A O M F I I M P M L
E S L T R M L D S L S T N M O V
```

BEND YOUR ELBOW (pages 142-143)

```
W E S S U P I N A T O R D I G S
M H E E K V S N D S L H A E F E
Y P Y S R G B T R A I N W O T B
D L G V A E U H I F T N X E R D
E X L L K B T H U I O U K A V P
F S F A V D C U C M R R C S O E
Y K I M N A E U H X E H M W V R
L R N V R R S T O S I R R E R M
L D T B E P E T C A I O U V D I
A B E N S R K T L E O E N S O I
N O R F I S B I N L R N N W K D
R U V N D I S O F I M I G S L A
E N A B E N D K B I K V D X P R
T D L X S K R A L U G N A I R T
X E B V E L B O W L O N G U S
E D O R O T A N O R P F V M M L
```

IN THE PALM OF YOUR HAND (pages 146-147)

```
I C B S I L A I C I F R E P U S
U P O W T A N A S T O M O S E S
A S I M B H N E E W T E B V A H
G B D Y P I U W M S Y L B P A S
P P W R N L W M E N B W E N C U
G F A D A H E S B M N E D O A P
P H E L P W S T I N C P N L R E
H X B O M A T I I A V T S G T R
C D L P P R N U P N I X S A E F
N F C G A D H S O N G C I E R I
A O I N I L R C U W R Y L A Y C
R D L C V E M A R W B B A L L I
B U I D T R T A C A A O I O P A
V S X N W I U U R P R B D V Y L
R M I F O R D D G S E D A B Y I
E S T N Y X N P P V V E R W M W
```

ANSWERS

BRANCHES OF THE ABDOMINAL AORTA (pages 148-149)

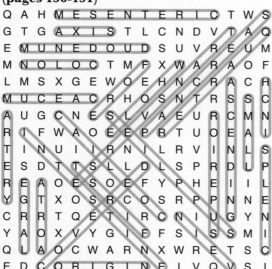

THE POPLITEAL SPACE (pages 152-153)

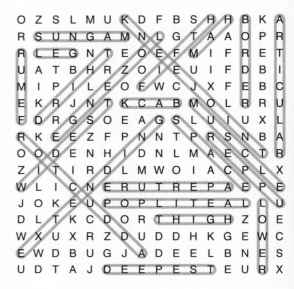

THE SUPERIOR MESENTERIC ARTERY (pages 150-151)

THE PULMONARY ARTERY (pages 154-155)

Artery; venous; right; lungs; two; left; front; aorta; side; arch; branches; pulmonary

ANSWERS

UNSCRAMBLE THE VEINS (pages 156-157)

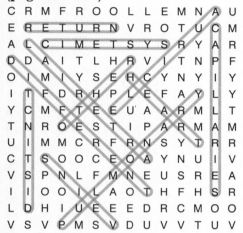

Veins; return; capillaries; different; heart; distinct; pulmonary; systemic; other; arterial; auricle

ARTERIES OR VEINS? (pages 160-161)

1. Veins; 2. Both; 3. Venous; 4. Arteries

THE PORTAL VEIN (pages 158-159)

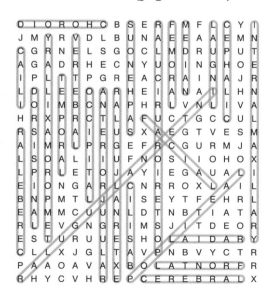

NAMES OF VEINS (pages 162-163)

ANSWERS

THE VENA CAVA (pages 164-165)

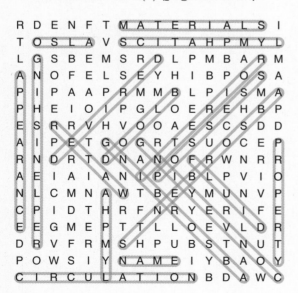

THE LYMPHATICS (1) (pages 166-167)

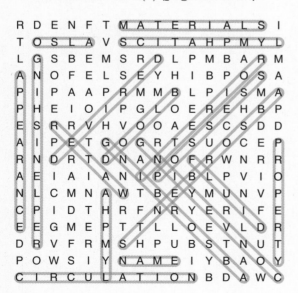

THE LYMPHATICS (2) (pages 168-169)

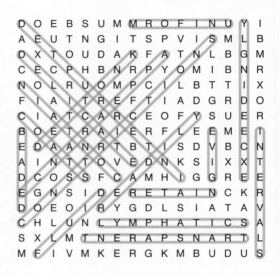

SYSTEM SCRAMBLE (pages 170-171)

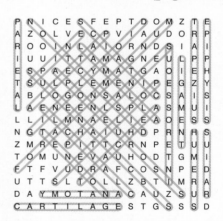

Lamella; phalanges; aponeurosis; radius; trapezius; clavicle; dissection; ginglymoid; tendon; trachea; cartilage; ligament; epiphysis; sciatic; foramen magnum; anatomy; parietal; popliteus; spine; interosseous; patella; subcutaneous; humerus